新农村建设村务管理工作指导丛书

新农村环境治理典型案例

科技部中国农村技术开发中心 组织编写

郑大玮 主编 张辉 主审

中国人事出版社
中国劳动社会保障出版社

图书在版编目(CIP)数据

新农村环境治理典型案例/郑大玮主编. —北京：中国劳动社会保障出版社，2011

新农村建设村务管理工作指导丛书

ISBN 978-7-5045-9345-0

Ⅰ.①新… Ⅱ.①郑… Ⅲ.①农业环境-综合治理-研究-中国 Ⅳ.①X322.2

中国版本图书馆 CIP 数据核字(2011)第 230093 号

中国人事出版社
中国劳动社会保障出版社出版发行

(北京市惠新东街 1 号 邮政编码：100029)

出 版 人：张梦欣

*

北京市艺辉印刷有限公司印刷装订 新华书店经销
880 毫米×1230 毫米 32 开本 4.5 印张 119 千字
2011 年 11 月第 1 版 2011 年 11 月第 1 次印刷

定价：13.00 元

读者服务部电话：010-64929211/64921644/84643933
发行部电话：010-64961894
出版社网址：http://www.class.com.cn

版权专有 侵权必究
举报电话：010-64954652
如有印装差错，请与本社联系调换：010-80497374

新农村建设村务管理工作指导丛书编委会

主　　任	贾敬敦			
副 主 任	吴飞鸣	黄卫来		
编　　委	白启云	胡熳华	李凌霄	林京耀	孟燕萍
	张　辉	黄　靖	熊明民	刘莉红	袁会珠
	吴崇友	杨志强	肖红梅	汪海峰	黄安胜
	张永升	郑大玮	赵宪军	李树君	赵有斌
	张　燕	龚道枝	齐遵利	陈海江	王世光
	白卫滨	梅盈洁	夏立江	林　洪	

本书编写人员

主　　编　郑大玮
副 主 编　孟燕萍
编写人员　张璐阳
主　　审　张　辉

内容简介

本书结合我国新农村建设和新农村环境治理的实际问题，有针对性地介绍了新农村村容整洁治理、农业环境污染综合治理、生态农业与生态建设的方式方法和典型案例，内容涉及广泛，包括清洁供水系统的建立，垃圾分类收集处理，节能灶炕改造，农村厕所改造，秸秆综合利用，农膜回收利用，畜禽粪便无害化处理和再利用，生态农业、循环农业、低碳农业、有机农业的发展与建设等。

本书重在基础知识和技术应用的普及，适合农村基层干部以及农民、农业科技人员、农业工作者、农村经纪人阅读，也可供大、中专业院校农业类学生及关心新农村建设的广大读者作为参考用书。

前　言

2011年胡锦涛总书记在"七一"重要讲话中明确指出，要加强和创新社会管理，完善党委领导、政府负责、社会协同、公众参与的社会管理格局，建设中国特色社会主义的社会管理体系，全面提高社会管理的科学化水平，确保人民安居乐业、社会和谐稳定。而社会管理知识在社会管理中发挥着不可替代的关键性作用，是加强和创新社会管理的不竭动力。不论是加强党的领导，还是强化政府的社会管理职能，也不论是提升各类社会组织的社会服务能力，还是引导社会公众参与社会管理，都离不开对社会管理知识的理解和应用。然而，社会管理知识的缺乏，是当前深入推进社会管理事业、提高社会管理科学化水平的一个主要瓶颈。

农村是中国社会的基础，中国基层社会管理与服务的难点和重点都应该在基层、在农村。为了更好地促进农村社会管理事业的发展，普及农村社会管理知识，提高广大农村居民的基本素养，中国农村技术开发中心组织相关领域的专家，从农村环境保护与治理、农村土地与房屋法律、农村集体经济财务管理、村干部安全管理等农村社会管理中存在的突出问题和热点问题入手，编写了"新农村村务管理工作指导丛书"，丛书包括《新农村环境保护知识读本》《新农村环境治理典型案例》《新农村土地与房屋法律知识读本》《新农村集体经济财务管理知识读本》《村干部安全管理知识读本》。本套丛书编写采用讲座和讨论等形式，通俗易懂、图文并茂、深入浅出地介绍了大量普及性、实用性的农村社会管理知识。希望这套丛书能够为广大农民朋友、农村基层组织、各类农村社会组织、党政领导和有志于推进社会管理事业的有识之士，提供一个良好的学习材料和参考资料，增长社会管理知识，增强社会管理参与意识，为农村社会管理事业的发展起到指导和咨询作用。

本套丛书在编写过程中得到了中国农业大学资源与环境学院等单位众多专家的大力支持。参与编写的专家倾注了大量心血，付出了辛勤的劳动，将多年的丰富实践经验和长期的灿烂思想结晶奉献给读者。主审专家投入了大量时间和精力，提出了许多建设性的宝贵意见和建议，特此表示衷心感谢。

由于编者水平有限，时间仓促，书中恐有错误或不妥之处，衷心希望广大读者批评指正。

编委会

2011 年 10 月

目录

第一讲 我国新农村建设与环境治理的形势 ………… (1)

  话题1　村容整洁是新农村建设的重要内容……………… (1)

  话题2　我国新农村环境治理的形势………………………… (3)

  话题3　新农村环境治理的成功经验………………………… (6)

  话题4　农村环境事故的应急处置…………………………… (12)

第二讲 新农村村容整洁的先进典型案例 ……………… (15)

  话题1　建立清洁供水系统的典型案例……………………… (15)

  话题2　垃圾分类收集处理利用典型案例…………………… (23)

  话题3　清洁节能灶炕改造的典型案例……………………… (33)

  话题4　农村厕所改造的典型案例…………………………… (42)

  话题5　美化村容发展生态旅游的典型案例………………… (46)

第三讲 农业环境污染综合治理的典型案例 ………… (57)

  话题1　农村水环境治理的典型案例………………………… (57)

  话题2　秸秆综合利用的典型案例…………………………… (67)

  话题3　农膜回收利用的典型案例…………………………… (74)

话题4　畜禽粪便无害化与再利用典型案例……………（81）

话题5　生物防治减少农药残留污染典型案例……………（88）

第四讲　生态农业与生态村建设的典型案例 …………（100）

话题1　生态农业的典型案例……………………………（100）

话题2　循环农业的典型案例……………………………（114）

话题3　低碳农业的典型案例……………………………（121）

话题4　有机农业的典型案例……………………………（131）

第一讲

我国新农村建设与环境治理的形势

话题 1　村容整洁是新农村建设的重要内容

社会主义新农村建设环境综合整治任务的提出

2005年10月召开的中国共产党十六届五中全会提出了推进社会主义新农村建设的伟大历史任务，并且明确提出了"生产发展、生活宽裕、乡风文明、村容整洁、管理民主"的20字方针。其中"村容整洁"是展现农村新貌的窗口，也是实现人与环境和谐发展的必然要求。社会主义新农村呈现在人们眼前的应该是：脏乱差状况从根本上得到治理，人居环境明显改善，农民安居乐业的景象，这是新农村建设最直观的体现。

长期以来的城乡分割体制造成了农村的环境治理严重滞后于城市。在新中国成立初期，由于生产力水平低下，农村生产和生活废弃物基本上能够被周围环境自然消纳降解。近年来，随着农业生产与农村生活水平的迅速提高，废弃物的种类与数量激增，使农村环境污染日益加剧，有的农村甚至污水横流、垃圾满地，这已严重威胁到农民的健康及生活质量，到了非整治不可的地步。

 **农村环境综合整治对村容整洁的要求**

总的看,村容整洁应包括以下内容:

● **农村基础设施建设** 逐步实现所有农村通路通电和道路硬化,确保饮用水源清洁并能满足村民日常生活需要。

● **村宅与道路环境** 村庄与道路干净整洁,路边和村旁无废弃物堆放,道路与村庄内通道平整,无坑洼积水,主干道路有路灯和

绿化带。
- **村庄环境卫生** 合理设置垃圾箱和废弃物集中处理场所，公共活动场所和主干道旁设有公共厕所。乡村企业实现污染物达标排放，畜禽粪便统一收集处理和利用，杜绝随地焚烧秸秆和过量滥用化肥、农药。
- **保护好区域农村风貌** 对有历史文化价值的古村落和古建筑要严加保护，农村公共建筑与住宅建设要统一规划，保持地方特色和地域风情。
- **保护村域自然生态** 坚持自然资源保护优先、开发有序原则，保护植被与水体，重点保护古树名木和天然林。注重山水田林路综合整治，营建优美田园风光。

> 我国各地农村的自然环境条件、社会经济发展水平、生产方式和生活习惯都不相同，开展农村环境整治必须从农民的实际需要出发，因地制宜、全面规划，有重点、有步骤地逐步推进。

话题2 我国新农村环境治理的形势

农村环境污染的严峻形势

目前我国农村的环境污染形势仍然严峻，在长期城乡分割的二元社会结构下，污染防治资源大部分投入到工业、企业和城市，农村环境保护被长期忽视。各种污染不仅影响到数亿农村人口的生活，而且通过水、大气污染和食品污染等渠道，最终影响到城市人口。与城市环境治理比较，农村污染点多面广，农民群众的环保意识较为淡薄，污染的责任主体不明，因而治理难度更大，后果更为严重。随着经济快速发展和城乡一体化进程加快，城乡交叉污染正在成为我国环境保护面临的新挑战，点源、面源污染共存，生活和工业污染叠加，城市污染加速向农村转移。

案例 目前，仅固体废弃物堆存而被占用、毁损的农田面积，全国已超过200万亩。以湖南省长沙市为例，据湖南省第一次全国污染源调查，长沙市每年农村污染物排放中，仅畜禽养殖污水就达8 000万吨、化学需氧量13.5万吨，是城市化学需氧量排放量的2.5倍；产生生活垃圾147万吨，为城市的1.6倍。

此外，在一些大城市外来人口集中居住的城乡结合部，由于缺乏基础设施，高密度滥建房出租和乱拉电线，造成环境污染和安全

隐患严重；一些地区的城郊畜牧业盲目无序发展，畜禽粪便严重污染环境；一些贫困地区缺乏清洁安全饮用水源；有的地方在新农村建设中脱离当地实际强制农民统一住进缺乏配套设施的楼房，造成生产、生活的诸多不便，并加剧了环境污染。

农村环境综合整治的努力与初步效果

"十一五"期间，各地新农村建设和环境整治取得了很大进展，解决了 2.15 亿农村人口的饮水安全问题，建立了新型农村合作医疗制度。2008 年中央财政设立了农村环境保护专项资金，实施"以奖

促治"政策,加强农村环境保护。到 2009 年年底已投入资金 15 亿元,带动地方投入超过 50 亿元,支持全国 2 165 个村庄开展环境综合整治和生态示范创建,农村直接受益人口超过 1 300 万人。农村环境污染问题得到有效缓解,一些村庄的村容村貌和环境质量得到明显改善。

全国有近 60 万个行政村,农村环境整治从哪里起步?国家将优先解决群众反映强烈的"问题村",优先选择位于水污染防治重点流域、区域内有环境问题的村庄。中央资金要重点治理农村饮用水水源地污染、生活污水和垃圾污染、畜禽养殖污染、历史遗留的农村工矿污染和土壤污染等环境问题。为了使"以奖促治"取得更大实效,国家决定在 2010—2012 年,集中资金重点支持农村环境连片整治。长沙市已在全国率先启动"农村环境整治工程",逐步建立"政府主导、村民自治、城乡统筹、科学发展"的农村污染治理新模式。经济相对发达地区的步子更大,如北京市自 2006 年以来在郊区农村持续开展"亮起来"、农民住房"暖起来"、农业资源"循环起来"的"三起来"工程,到 2010 年已直接惠及 3 800 个行政村,受益农户 100 多万个。

2010—2012 年中央财政还将安排专项资金 120 亿元,重点支持农村环境整村连片治理,约 1 亿农村人口将直接受益。相信经过几年的努力,我国农村环境将能得到进一步的改善。

话题3 新农村环境治理的成功经验

几年来,各地在新农村建设的环境治理中创造了许多成功的经验。

长沙市"政府主导、村民自治、城乡统筹、科学发展"的农村污染治理模式

长沙市政府充分发挥农民群众主体作用,建立一个环保村规民约、一个村级环保促进会、一个环保宣传栏、一个环保规划、一个

环保合作社。经过3年多推广,600多个村成为农村环保自治村,农村污染从以前的"有人怨、无人理"到如今的"自我约束、村民自治"。农村环境治理离不开大量资金投入,长沙市创建了"政府各级配套投入、污染企业约束性投入"的奖惩结合的投入机制,确保农村环保的资金投入。长沙县以中国第一个农村环境建设投资有限公司为载体,建立财政预算与市场融资、村民出资与政府"以奖促治"相结合的投入机制,通过财政带动效应,全市吸引社会环保投资近10亿元。2008年长沙市建立了环境资源交易所,将排污权指标、环保技术指标和生态环境指标纳入交易范围,成功实施了首次排污权交易拍卖。2009年又率先实施环境风险责任保险制度,在造纸、采矿和规模养殖行业全面推行,如今已有64家企业购买环境风险责任保险。2010年长沙市出台《关于实施环境经济政策的指导意见》,其中包含建立排污权交易、生态环境资源补偿、环境风险责任保险等8项制度,进一步完善了农村环保的投入机制。

[资料来源:中国整治农村环境污染净化"城市餐桌"2010-12-09 15:55:59 新华网(广州)]

北京市郊区农村"三起来"工程

北京市从2006年起连续实施农村"亮起来"、农民"暖起来"、农业资源"循环起来"的"三起来"工程,不仅推广了新能源,创造了新环境,促进了节能减排,而且有效地促进了农民生产方式、生活方式、思维方式和政府管理服务方式的转变。据初步估算,三项工程每年可以节约59万吨标煤,相当于减排158万吨二氧化碳,相当于36万辆汽车一年的二氧化碳排放量,与18个颐和园或220个奥林匹克森林公园一年的二氧化碳吸收量大体相当。京郊农村富有创造性地落实科学发展观,把"人文北京、科技北京、绿色北京"的发展理念转化为生动的建设实践,已经初步走上了低碳发展之路。"三起来"工程的主要目的是改善农民的人居环境和生产生活条件,

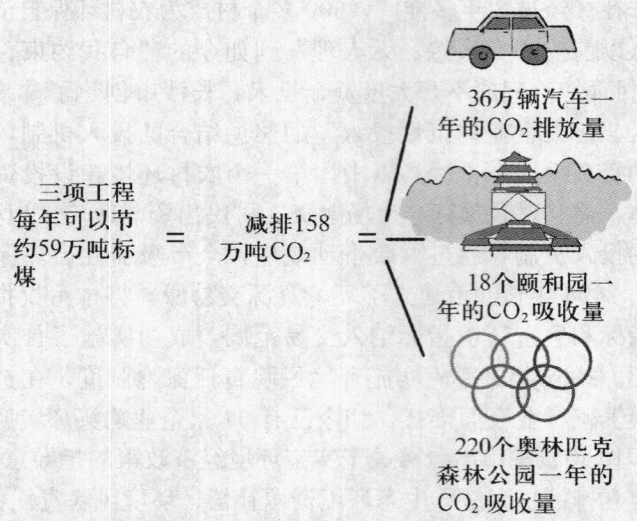

促进农村节能减排和资源循环利用,缓解郊区人口资源环境压力,实现生态效益、社会效益和经济效益全面丰收。

4年来,北京市级财政直接投入23亿多元。干净整洁的生活环境催生了京郊农民新的生活方式。沼气、秸秆气、太阳能灶彻底改变了"家家点火、村村冒烟"的传统,如今已是"不见炊烟起、只闻饭菜香";昔日乱堆乱放的柴草、秸秆如今整齐码放,然后送进生物质气化站,或压制成颗粒或块状燃料;一排排太阳能灯取代路灯成为新农村的亮丽景观;畜禽由农户散养改为集中饲养,并对粪便进行有效治理和利用。4年来,"三起来"工程直接惠及了3 800个行政村,受益农户100多万,其中16万盏太阳能路灯和505万只节能灯直接惠及100多万户,402个太阳能公共浴室可使12万多户农民四季洗浴,38.3万铺节能卫生吊炕使38.3万户农民能够温暖过冬。新建节能抗震民居和原有农宅节能改造使27 327户农民的房屋变得冬暖夏凉并节能。250余处大中型沼气集中供气工程、大中型秸秆气化集中供气工程、8 300个户用沼气池让4万余农户用上了清洁燃气,生物质炊事炉和采暖炉直接惠及了17 500户农民。"三起来"工程明显节约了农民用能支出,还为农民提供了就业岗位,增加了工资性收入。初步统计,2006—2008年为受益农户节约用能支出

3.14亿元，吸引了20多万农民参与工程建设，设施运转维护和服务岗位安排了千余农民就业。北京市制定了新农村"三起来"工程建设规划（2009—2012年），3年投资将不少于34亿元，将使农村更加明亮、农民更加温暖、农业资源更加循环，基本实现农村"生态环境亮丽化、生活能源清洁化、人居环境舒适化"。

［资料来源：(1) 北京连续四年在农村推行"三起来"工程 中国网china.com.cn 2010-02-26

(2) 北京市新农村"三起来"工程建设规划（2009—2012年），北京市新农村建设领导小组综合办公室，二零零九年三月］

山东省文登市"环境＋社区＋产业＋文化"新农村建设模式

● **建管并重整治农村环境，力促村庄整洁化** 建立完善保持环境整洁的全民参与机制、监督管护机制和源头治理机制。宣传报道环境整治最新进展和先进典型；通过发放公开信，外出参观和争创"绿美亮净"星级示范村、示范户，形成人人参与环境整治的浓厚氛围，各村普遍制定了保持环境整洁的规章制度。各重点村都配备了专职卫生保洁员，设置专用垃圾箱并定时清扫收集；部分村镇还聘请义务监督员巡回检查，有的村建立了群众互评制度。在部分镇新建污水集中处理设施，全面推行垃圾"村收集、镇清运、市处理"。大力发展清洁能源，积极推广沼气池、畜禽舍、厕所"三结合"能源生态模式，共发展户用沼气1.1万户，改厕1.2万户。全面实施天然气下乡工程。发展建设规模化养殖小区百余处，引导养殖户退村进区、集中养殖。积极推广秸秆还田和压块成型技术。

● **加快社区服务中心建设，力促村庄社区化** 积极整合村级文化、卫生、商贸、远程教育等资源，配套建设卫生室、便民浴室、休闲健身广场、农家书屋、党员活动室、娱乐室、警务室和便民超市、农资店等设施，提供全方位、综合性服务。围绕群众需求增加民政、司法调解、动物疫病防治等服务项目，部分村还新上农机具

维修、理发、餐饮、电信、金融等服务项目。行政性、公益性服务设施由主管部门和村里筹划建设专人管理服务。

● **因村制宜发展富民项目,力促村庄产业化** 着力发展以特色种养业为重点的现代农业、以家纺为重点的农村加工业、以观光农业为重点的旅游业。

● **搭建文化载体平台,力促村庄文明化** 创新文化载体,精心设计文化活动,培育农村文化人才,形成文明礼让、诚信友爱的和谐新风。

(资料来源:威海农村"四位一体"工作现场会在文登市召开 2009-3-31 文登网 http://www.wendeng.sd.cn/sheng_chenhtm/newsfile/2009-3-31/20093318

3718507734.html)

 **浙江省嘉兴市实施"千村示范，万村整治"规划的效果**

嘉兴市从过去选择几个条件较好村庄试点推进，转变到选择一批重点镇成片推进；从过去开展各种单项整治建设，转到全面实施"道路硬化、环境洁化、河道净化、民居美化、村庄绿化"等五化为重点的整体建设；从过去侧重抓环境整治建设，转到同时加强村级配套建设和发展公共服务，加快建设农村全面小康新社区。到2010年已启动建设示范村106个，基本完成建设示范村40个，启动建设

整治村逾700个，占全市行政村总数的80%，受益农民达100多万。

通过推广沼气综合利用工程，建设有机肥厂、畜粪处理中心等措施，实现畜粪减量化、资源化、无害化处理；按照"户集、村收、镇运、县处理"的工作机制集中收集处理农村生活垃圾，通过建设垃圾焚烧发电项目实现废物再利用；通过铺设管道，将生活污水直接接入集污管网，培育自然或人工湿地，安装净化装置等进行生活污水处理；通过河道清淤工程，改善了全市农村水环境。

（资料来源：浙江嘉兴市实施村庄整治经验值得借鉴 2011-8-26 孙吉镇农廉办 http://www.ycsnlw.com/xz/html/01010606/news_2011816155541.html）

话题4　农村环境事故的应急处置

农村环境污染和生态破坏突发事件的应急处置

环境污染与生态破坏事故，是指由于违反环境保护法规的经济、社会活动与行为，以及意外因素的影响或不可抗拒的自然灾害等原因，致使环境受到污染，国家重点保护的野生动植物、自然保护区受到破坏，居民人身健康受到危害，社会经济与人民财产受到损失，造成不良社会影响的突发性事件。

> 根据事故类型可分为水污染事故、大气污染事故、噪声与振动危害事故、固体废弃物污染事故、农药与危险化学品污染事故、放射性污染事故及国家重点保护的野生动植物与自然保护区破坏事故等。

应急处置的责任部门是各级环保行政管理机构。各相关部门要各司其职，协调联动。按照环境污染事件可能造成危害的严重程度、影响范围和发展趋势，分为一般、较大、重大、特大四个等级，设定四级预警，分别启动四级响应行动。应急处置队伍接警后，要立即携带环境污染应急设备,在第一时间赶赴现场。根据相应的应急响应级别程序,开展现场控制,制定紧急隔离区域,设置警告标志,制定处置措施,切断污染源,防止污染物进一步扩散。协力参与救援并按各自分工,进行取样、取证和调查工作;遇有新的疑点与信息,应及时向指挥组汇报。根据现场专家组的科学结论及相应监测意见,组织事故应急处理后援力量开展现场处置工作。消除污染隐患。环境污染事故中产生的污染物要交由有污染物处置资质的单位进行收集、处理。同时监测部门提供跟踪性监测,环境监察部门对现场进行看护。

> 农村环境污染与生态破坏事故的应急处置应遵循以人为本、以防为主和分级处理的原则。

事件处置后,要根据现场调查情况及相应技术支持部门的科学依据,对事故涉及的损害赔偿问题依据行政调查程序进行。提倡和鼓励企事业单位和个人捐赠救助资金和物资,开展社会救助,做好善后工作。

环境群体性事件的应急处置

目前一些农村已成为环境群体性事件的多发地,不少环境群体性事件和许多环境纠纷都集中发生在农村一些较小的特定区域。由于长期以来对农村污染治理重视不够,没有实施环境保护的城乡统筹,农村污染治理体系尚未建立,特别是一些城市工业企业的污染向农村转移,使农村环境污染日益严重,给农业生产和农民健康带来较大影响。跨省、市、县行政区交界的污染纠纷也逐渐增多,存在群体性事件隐患。环境突发事件不仅直接给人民群众和企业造成经济损失,对由此引发的环境群体事件,如果处置不当,则易导致过激行为，严重扰乱社会秩序，破坏社会稳定。对于环境群体性事件如处置不当，还可能使矛盾激化，事态扩大，酿成恶性事件。

对已发生的群体性事件，必须进行科学有效的控制和处置，应注意把握好以下原则：

● **快速反应，控制事态** 立足于早，化解于小，着力于解。环保部门必须尽快向上级报告并立即赶赴现场组织部署，采取果断措施迅速控制污染，防止事态扩大。村委会要配合各级政府做好处置工作。

● **梳理信息，稳定情绪** 群体性事件发生时由于秩序混乱，部分群众情绪波动，容易偏听偏信错误信息，导致事态扩大，局面失控。对此，必须及时披露事实真相，正确引导和消除群众的恐慌情绪。

● **分而治之，避免混乱** 事件发生时，群众往往以获取自身利益为目的，在面对别有用心的人在后面挑拨时，有些群众难以觉察。这时需要及时协调化解矛盾。

● **灵活施策，分类处置** 处理群体性事件务必要弄清事因、群众心态和现场情况，慎重决策，具体情况具体分析，区别对待。抓住主要矛盾，明确事故责任。如确因企业污染造成，要立即责成污染企业采取切实可行的措施尽快整改控制污染，同时要做好宣传解释，帮助群众明晰事理。同时要切实关心群众切身利益，解决群众生产、生活中的暂时困难，做好深入细致的思想政治工作，从源头上减少群体性事件的发生。

● **分清是非，依法处理** 处理群体性事件必须依法公正，任何不公正的偏袒和压制，都会导致矛盾的激化和事态的恶化。要保护绝大多数进行正当诉求的群众，严格区分处理群众中的少数行为过激者和极个别煽动违法闹事的别有用心者。

环境群体性事件妥善处置后，还要认真做好善后工作，总结经验教训。只有加强环境保护，消除污染，才是预防和化解环境群体性事件的关键。同时要加强农村环保能力建设，建立健全环境事件的预警和应急机制。

第二讲

新农村村容整洁的先进典型案例

话题 1　建立清洁供水系统的典型案例

农村饮水安全问题的由来

　　农村饮水安全是广大农民最关心、最直接、最现实的问题，也是农民生活状况改善的重要标志。目前城市居民普遍使用了清洁卫生的自来水，但广大农村仍以使用河湖水和井水为主，在发生严重干旱时，干旱气候区和一些山区经常发生人畜饮水困难。南方湿润气候区降水充沛，除季节性干旱严重的丘陵山区外，本来不存在饮水困难，但20世纪80年代以来一些地区的乡镇企业无序发展，大量工业废弃物排放到河湖中。加上农业生产上过量施用化肥和农药以及畜禽粪便的大量排放，使得河湖与地下水被严重污染。新中国成立以来进行了大规模的水利建设，20世纪70年代以来对工业污水也制定了排放标准，并实施了一系列的污染治理工程，但仍有一些地区的农村饮水安全得不到保证。1994年编制的《国家"八七"扶贫攻坚计划》把基本解决农村饮水困难作为奋斗目标之一，到1999年年底已解决占任务数70%以上人口的饮水困难。"十五"期间全国共有6 700万名群众告别了吃水难，我国政府为实现联合国千年宣言提出的目标，提出到"十五"末基本解决我国农村现存饮水困难问题的郑重承诺已提前实现。饮水安全工程项目区内受益农民的肠道传染病等疾病发病率降低了47%，农民投入取水的劳动量明显减少，农户生活用水量增加,生活质量大大改善。由于北方气候暖干化和部分地区工业和生活废弃物缺乏净化处理,目前我国仍有少数农村存在饮水安全问题。2008年召开的十七届三中全会明确要求农村安全饮水工作进一步提速,力争在2013年解决农村饮水安全问题。

农村安全饮水工程模式

从水处理技术选择角度,集中式、规模化的供水系统在水质安全性、管理维护等方面具有不可替代的优势,但由于农民居住分散,管网建设困难,很难在全国农村普遍推广集中供水。针对我国农村总体上水源分散、种类繁多、污染复杂、水源水质差异很大的特点,农村供水模式的选择必须因地制宜,多途径并举。由于大部分农村经济基础较差,不宜采用运行费高的设备。可行的农村供水方式可归纳为三种模式:

● **集中处理,集中供给** 适于供水人口较多或平原地区的农村,采用管网统一送水方式,包括城乡一体化供水模式(如东莞茶山镇)、自建供水站厂集中处理(如北京顺义区杨村镇沙子营村)、全天或分时供水模式(只在特定时段供水)三种。经济比较发达、农村相对集中、城乡连片的平原地区,如珠江三角洲地区和长江三角洲地区,提倡城乡一体化的集中式供水模式,通过管网将城镇供水的范围扩展到农村地区,以保证农村地区饮用水的水质水量,减少分散供水设备和维护不稳定带来的风险,实现农村供水的跨越式发展。目前,珠海、东莞、深圳和浙江、江苏等部分省、市采用这种模式取得良好效果。比较分散的农村可采取单村或联村自建供水站集中供水,实现小区域集中供水。规模供水设备由专人维护,水质水量比较有保障。自建式集中处理模式适合供水人口1 500户以上规模(相当于500立方米/天)。

● **集中处理,分散供给** 住户分散或管道建设困难的地区可采取类似城市纯水站的运作模式建设供水站,由用户自己去供水站取水或供水站流动送水（如天津静海沿庄镇小河村水站）。可减少管道建设费用，避免管网水质二次污染。但用户取水不便，且不能保障饮水以外的生活用水。

● **分散处理，就地供给，即户用型供水** 农户极度分散的山区实现联村供水比较困难，可采取户用型净水器，解决单户或者几户的供水。美国等发达国家居住点分散的地区也采用户用型供水模式。

农村清洁饮用水的资金来源和管理模式

这是农村安全饮水工程建设成败的关键，主要分为三类：

● **政府引导、用户自筹** 经济发达地区的农村有愿望、有能力建设供水设施，可采取政策引导，提出供水水质要求和技术要求，由当地政府自筹资金解决供水工程和设施的建设和运行。由当地政府和用户承担所有的建设和运行费用。

● **政府投入、用户管理** 大部分经济条件不发达的农村可由中央政府和地方政府共同负责一次性建设投入，用户负责设施日常运行。

● **政府全权负责资金** 经济不发达、水质问题严重的地区，如用户无力承担设施日常运行和维护费用，可由政府负责所有建设和运行投资。

山东省莒县建立农村集中供水保障系统的案例

1. 莒县农村供水系统的建立

山东省日照市莒县按照建设社会主义新农村的要求，着眼于改善农村饮用水条件，构建新农村供水保障体系，建立健全用水户全程参与项目建设及运行管理机制,积极探索出了农村集中供水模式。在全县建立了12处集中连片供水工程,使312个村庄、21.46万人喝上安全、卫生、洁净的自来水。大大改善了农村卫生条件,保障了农民身体健康,解放了农村劳动力,取得了显著的社会效益和经济效益。

2. 几种农村供水模式

全县根据不同地区的地形、地貌、地质条件、水源条件,因地制宜,开发出了山区自压联村供水、山区地下水联村供水、平原区联村供水、城区周边联村供水等几种模式。

● **山区自压联村供水模式** 莒县东部和南部属山丘地貌,20世纪70年代修建了一大批小型蓄水工程,其中小(1)型、小(2)型水库有195座。这些水库大多坐落在地形较高的位置。与下游村庄地形相差30~50米,水质较好,适合自压供水。这类自压供水工程,利用自然压差将水库原水从放水洞引入水厂进行净化,净化后的水利用地形高的优势,对镇及周围农村实行集中供水,如龙山镇凤凰山水库自压供水工程、小仕阳水库自压供水工程等。

● **山区地下水联村供水模式** 对于石灰岩分布山区,无合适的水库、塘坝等地表水作为供水水源,可通过地质物探等手段,在富水地段打井,取深层地下水作为供水水源。这种供水模式受地质、构造、地形等因素的影响大,投资较大。

● **平原区地下水联村供水模式** 莒县境内河流较多,仅10千米以上的河流就有26条。特别是沭河、袁公河等河流,水量充沛,中上游河水未被污染,水质较好。其河流冲积物厚度大,富含孔隙水,可通过河边打井形式,作为集中联村供水的水源地。如桑元乡集中供水工程,以袁公河作为水源地,受益村庄11个,受益人口1.5万人。

● **城区周边联村供水模式** 莒县城市自来水工程设计日供水能力10万吨,但现日供水还不到5万吨,尚有二分之一多的供水能力未予利用。为充分利用现有的县城供水能力,以城市供水骨干管网为依托进行辐射延伸,将周围村庄纳入城市供水体系,并逐渐实现城镇管网与农村集中连片供承对接,实现城乡供水一体化。如浮来

山镇管网延伸集中连片供水工程。

3. 工程实施中需要注意的问题

在对供水水厂的设计中需要注意以下几个方面。如果水源可靠、水质可以保证并且便于管理，那么在有条件的地方可优先选择水库、塘坝、山泉等自压供水，这样可以减少投资，降低成本。并且，水源应尽可能选在村镇的上游。在净水工艺上，莒县各地的措施也可圈可点。比如，小仕阳水库的水厂采用 FA 型全自动净水设备，并配备 ZJ 自动加药装置及消毒装置。水库原水直接将水自压进入净水设备，对水质进行净化处理，并进行反冲洗，冲洗周期为 1 天。处理合格的水流入清水池。并且小仕阳水库水厂配备 HTY 系列远程自动化监控系统。该系统集供水调度、自动控制、信息管理、视频监控于一体，具有实时采集、显示、存储水厂、泵站、水池、阀门、管网等连续数据和图像的功能，具有定时计算水泵及管网运行效率的功能，确保水泵及管网处于高效运行状态，主控计算机可远程启停设备。

供水管道铺设中的细节问题也同样得到了重视。在管道凸点和高点闸阀处设置自动排气阀；长距离无凸点的管段，每隔一定距离设置排气阀。在管道凹处，应设泄水阀。管道回填时，回填土不应夹有石块等硬物，最好采用沙土回填。管顶覆土厚度不宜小于 0.5 米。穿越农田或村庄时，管顶覆土厚度不宜小于 1 米，在管道拐弯、管道过长时应加设镇墩固定。

4. 创新的农村供水系统运行模式

莒县还推出了创新的运行管理模式。对联村几种供水工程全部组建供水公司，成立供水协会，实行"公司＋协会"的运行管理体制，供水协会在供水公司的监督指导下，实行公司化运行，自主经营、自负盈亏。为了保证水费足额计收到位，配备了射频供水控制管理系统，用水村庄凭卡充值用水，卡内无钱自动停止供水，杜绝了水费拖欠。

（资料来源：莒县农村联村供水模式研究——《中国水利》2009 年 21 期）

山东省平度市新河镇苦咸水淡化工程案例

山东省平度市新河镇西北部是由海相沉积物与河流冲积物层叠覆盖而成的滨海平原，海拔高度一般在 10 米以下，沉积层厚约 30 米，形成北部高浓度的地下卤水区，矿化度 20～30 克/升。地下淡水水位下降时，北部地下卤水在海水顶托下沿第四系沙层孔隙迅速向南侵染，使部分淡水区的地下水咸化，造成灌溉和人畜生活用水困难。特殊地理位置和地质条件导致该区淡水资源较贫乏。为解决吃水困难问题，1985 年在受害严重的 22 个村庄实施集中统一供水，设计日供水量 1 000 立方米,解决了新河镇的吃水困难,使工农业生产恢复正常。但经近 20 年运行后设施老化失修,加上日益扩大的工农业用水量造成地下水位不断下降,咸水入侵面积逐年扩大,水质越来越差,已无符合标准的水源地。全镇 32 个村庄、超过 20 个企事业单位、3 万余人的正常生产和生活受到严重影响,严重制约了当地经济的发展。

2001 年,青岛、平度两市政府决定改造新河镇集中供水工程,由于境内无符合标准的淡水资源,因而水源成为供水工程的核心。经技术论证和各种信息资料对比分析,决定采用反渗透技术对苦咸水进行处理。该技术具有水资源取用方便、技术成熟、设备质量过关、应急性强等优点;缺点是运行成本较高,水价较高(分析水价为 3 元/立方米),但未超过群众承受能力。

经过了 4 个月的施工,新建水源地 1 处,打井 6 眼;购置苦咸水淡化设备 1 套;建立供水管理站 1 处,容水 300 立方米,清水池 1 座;安装变压器 1 台;铺设塑料管道 3.4 万米。除盐率达 95% 以上。整个工程投入资金 340 万元,其中青岛和平度两级财政各 100 万元,新河镇政府和受益单位筹集 140 万元。

目前,新河镇供水工程各项运行指标均达到设计标准,运行效果良好,水质改变显著,使得该镇 24 个企事业单位和 32 个村庄的 2.8 万人结束了长期饮用苦咸水的历史,解决了长期困扰百姓正常生活、阻碍当地经济发展的吃水问题,实现了广大干群的夙愿。解决水问题后一年内,先后有 4 家较大企业安家该镇,极大地促进了本地区的经济发展。

(资料来源:《山东水利》2003 年 09 期,平度市新河镇采用苦咸水淡化技术解决人畜吃水,刘圣友、王治世)

淮北农村地下水高氟水处理工程

江苏省徐州市和宿迁市的部分地区由于古黄河的活动,携带大量含氟矿物在一定沉积环境中富集,形成高氟地下水。在苏北贫困户中,因水氟致病、因病致穷达70%,不少农户陷入贫病交加的恶性循环。由于地下水氟含量高,水产养殖业无从发展,一些地方由于没有安全饮用水源,致使投资环境恶化。

为解决这一问题,江苏省在水厂现有深井泵和自来水管网之间设计了一个集布水、除氟、过滤、净化、沉淀、活化再生、反冲洗于一体的一元化立式压力罐。除滤料活化再生外,还实现了整个供水过程的自动化,不需人员现场管理。

该工程采用升流式吸附过滤方法,吸附量高,工艺先进,结构合理,单位面积产水率高,能长期连续运行;出水水质好,再生液循环使用,反冲洗耗水量少,无泥渣排放;操作简单,管理安全,一次性投资和运转费用低,占地面积少。

设备运转以来未出现故障。只要按时活化再生滤料和反冲洗,除氟可稳定达标,水质口感好,清澈透明;操作简单,可自动化运转,吨水处理成本仅0.1元。

(资料来源:新农村建设中的环境问题及对策研究专题报告,清华大学副校长陈吉宁,中国环境与发展国际合作委员会. http://www.china.com.cn/tech/zhuanti/wyh/2008-02/29/content_11146435.htm)

天津市农村建设供水站案例

天津市静海县中旺镇王官庄村原饮用水源为井深350米的深层地下水,含盐量为2.5～4.5克/升,含氟量超标。该村建设的水站采取电渗析方法淡化后,水的矿化度下降为0.1～0.25克/升。电渗析器预处理单元为缠绕式纤维滤芯,滤芯每半年更换一次,电渗析器大修周期为两年。水站制水能力每小时2吨,村民凭水票到水站打水,每票(0.3元)可打水一桶(25千克)。水站建立前,村民的唯一水源是口感很差的微咸水,生活上有诸多不便。如今,村民习惯使用水站"甜水",主要用于饮用和烧饭,水站和打水成为村民生活的一部分，该水站及供水方式符合当地条件，结束了该村世代喝苦咸水的历史。

（资料来源：新农村建设中的环境问题及对策研究专题报告，清华大学副校长陈吉宁，中国环境与发展国际合作委员会. http://www.china.com.cn/tech/zhuanti/wyh/2008-02/29/content_11146435.htm）

话题2　垃圾分类收集处理利用典型案例

农村垃圾问题的产生

农村生活垃圾成分一般包括厨房垃圾、纤维类、纸张、粉煤灰、

地膜等"白色污染"及废电池、秸秆、建筑垃圾等，可分为"可再生利用""可焚烧"或"填埋"等类型，与城市生活垃圾分类有相似之处。由于对垃圾堆放和焚烧的危害认识不够，加之农村居民居住分散，使得垃圾收集的难度较大。在农村生产力水平很低和农民生活贫困时期，农村垃圾的绝大部分是秸秆、人畜粪便、灶灰与餐厨废弃物等，以有机垃圾为主，数量也不大，基本上能够在农村生态系统中消纳和循环利用。随着农业生产现代化、农民生活水平提高和农村的工业化进程，农村垃圾的数量迅速增加，建筑垃圾、塑料、金属和玻璃制品等难于降解的废弃物所占比例明显增大。由于广大农村缺乏城市的垃圾统一收集和处理系统，各户的垃圾在房前屋后

随意堆放,有的还倾倒在水塘与河湖中,造成水体与地下水的严重污染。刮风时炉灰、碎纸和残膜满天飞,下雨时粪污满地流。有的农民自行焚烧自家垃圾还严重污染了村庄的空气。据湖南省长沙市的调查,生活垃圾和废水污染占农村环境污染的比重达1/3,造成全市387.9万农村人口中80.3万人饮水不安全,占人口总量的20.7%。

> 其实,垃圾中有许多东西可以回收利用,许多国家都已开始把垃圾作为资源加以开发利用,垃圾是"资源、财富、宝藏",关键是要建立农村垃圾统一分类、收集和科学处理和再利用的完整系统。

农村生活垃圾处置模式

我国农村传统的生活垃圾处理模式是"垫圈",即将产生的生活垃圾放入牲畜圈或厕所中,与粪便等共同沤肥,然后返还农田。近30年来由于化肥大量施用,农家肥用量减少,直接堆放和简易填埋成为生活垃圾的主要处置形式。调查表明,目前我国广大农村生活垃圾环境无害化处理处置比例很低。只有部分城市郊区和发达地区的农村,生活垃圾才得以进入城市生活垃圾处理处置系统得到无害化处理。对于大多数农村,生活垃圾处理处置可采取委托处置和自主处置两种模式。

1. 农村生活垃圾的委托处置模式

混合收集的农村生活垃圾成分复杂,含有多种农业污染物,堆肥会降低产品品质,焚烧则会造成大气污染严重,因此不适宜用堆肥和焚烧的处理方式。近年来,住房建设部提出了农村生活垃圾的委托处置模式,即"村收集,乡(镇)运输,县处置"。在村中定点设置垃圾站,专人清扫、专车运输。委托处置模式将分散产出的垃圾集中处置，适合农村生活垃圾管理现状，见效快，便于管理。但是将分散污染源集中化，加大了本身就问题重重的县级填埋场的压力，而且填埋不符合生态循环的理念。

2. 农村生活垃圾的自主处置模式

建设以乡或村为单位的小型可重复使用的生活垃圾卫生填埋场，即农村自主处置生活垃圾的模式，既可以解决填埋场的长期占地问题，也能实现物质循环，是未来我国农村生活垃圾处置的重要模式。

> 农村生活垃圾自主处置模式是将生活垃圾填埋场建设成小型的生物反应器。它可以加速垃圾的稳定化，减少渗滤液产生，适合农村生活垃圾特点，能有效解决农村固体废物问题，尤其适合土地资源相对丰富、距离县城填埋场较远、运输成本高且无环境敏感点（如水源地）的农村地区。

● **生物预处理＋厌氧填埋＋后处理形式** 农村固体废物的生物预处理是垃圾进入填埋场前在好氧条件下控制水分，20～60天实现易降解部分的快速降解。处理废物主要包括食品垃圾、混入生活垃圾的农业废物和少量纸张，可在一定程度上控制渗滤液和填埋场气体产生。预处理过程蒸发大量水分可以显著减少最终填埋的渗滤液，改善渗滤液水质，使其中污染物浓度显著降低，还可减少进入填埋场的废物体积和填埋后的产气量。

废物经预处理后进入填埋单元，利用相对封闭填埋，通过渗滤液回灌等手段加速稳定化，经5～8年基本实现填埋场的稳定。有机物缓慢分解，渗滤液循环可控制填埋场水分，加速稳定化进程。

经过稳定化后可对填埋场实施开挖和物质分离。筛分后的未降解的纺织品、橡胶、皮革、木头等含水率低，热值高，可直接用于焚烧；大的石块、建筑废料等或是回填，或用做造地或填埋场的基建材料。稳定化垃圾筛分后的细料可作为覆盖料或拌制营养土。

● **准好氧填埋＋后处理形式** 这是一种好氧厌氧相结合的填埋方式。即在厌氧卫生填埋基础上增大排气和排水管径，让排气管和

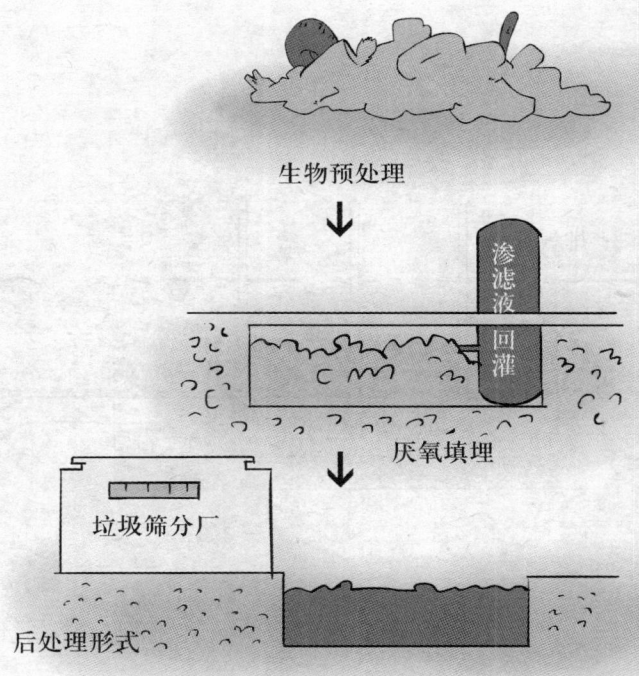

渗滤液收集管连通，利用"烟囱效应"使气体进入填埋场，在填埋场表层、集水管和排气管附近形成好氧状态，增大填埋层的好氧区域，加速有机物降解。但在空气难以到达的填埋层中央部分仍处于厌氧状态。采用渗滤液的回灌，保证填埋层中有充足水分，既减少了渗滤液的排放量，又降低了渗滤液的污染强度。准好氧填埋场主要包括气体导出系统、渗滤液收集系统、防渗层、储存构筑物、取水槽、渗滤液调节设备、渗滤液处理系统等。准好氧填埋的方式不设置预处理过程，工艺简单，一次到位，比较适合土地资源紧张的中、小型规模的垃圾填埋场。

3. 政策与资金保障

农村生活垃圾自主处置模式需要国家和地方的政策保证和资金支持。在建设费用方面，自主处置模式所需填埋场建设费用低于城市生活垃圾卫生填埋场。在运行费用方面，由于采用廉价的渗滤液

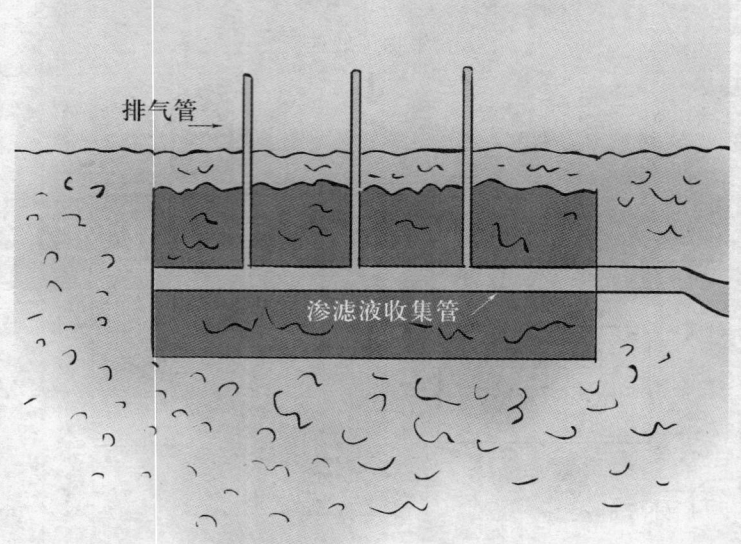

处理方式（自然蒸发、回灌填埋场、浇灌等），费用大幅度降低。因此，富裕的东部地区应以地方财政为主、国家支持为辅、农户少量负担的方式来筹措资金。西部地区应以国家财政为主、地方为辅，并在政策方面给予必要支持，保证设施的正常运行。

北京市延庆县农村垃圾分类和减量案例

2010年，北京市延庆县在全县15个乡镇的70个行政村启动了垃圾分类工作。为启动垃圾分类工作的村配置了3万组分类垃圾桶、350辆人力三轮车、25辆垃圾收集车及多种垃圾分类设施，还建设

了渣土填埋点51个、堆肥点45个,并设垃圾收集员250余名,使农村垃圾分类工作实现了规范化运行。实行垃圾分类有效推进了延庆县生活垃圾的减量化,减轻了垃圾清运和填埋的负担。据县市政市容委粗略统计,7月份,10个垃圾分类试点村的垃圾减量达97吨,8月份减量113吨,9月份垃圾减量510吨,10月份垃圾减量670吨,呈逐月增长趋势。4个月来,全县农村实现垃圾减量1 390吨。目前,沈家营镇曹官营、大榆树镇岳家营、八达岭镇小浮坨等70个行政村已实现了垃圾分类全覆盖,其他行政村垃圾分类工作也将全面展开。县市政市容委将陆续把垃圾分类设施发放到各村,2011年可实现全县农村垃圾分类的全覆盖。

(资料来源:延庆县市政市容委大力推进农村垃圾减量、分类工作,北京现代农业,2010-8-27 http://www. 221. gov. cn/wcm/qxlb/yqx/201005/t20100517_248835. htm)

四川省罗江县农村垃圾生态回收处理模式

农村垃圾处置一直是困扰农村环境卫生的难题,四川省罗江县逐渐摸索出一条农村垃圾生态回收处理的新模式,率先在全县范围内的107个村、1 220个组推广普及,取得显著成效。

罗江县推进城乡环境综合治理工作从中心城区向乡镇村庄不断延伸,着力从根本上解决问题,积极探索农村垃圾生态处理的新模式,走出一条投入少、效果好、生态化、可持续的农村环境治理新路子,取得了经济、生态和社会三重效益。

为了实现长效保障,该县建立起设施建设机制,按照"合理布局、方便群众、便于转运"的原则,建设垃圾收集、处理设施。每3~5户农户建1个垃圾定点收集池,每个组建1~2个生态垃圾处理池,每个镇建1个垃圾压缩中转站,县城建有1个垃圾填埋场。目前全县共建垃圾定点收集池7 879个,生态处理池1 150个,垃圾房1 242间,垃圾压缩中转站14个,形成县、镇、村、组、户垃圾生

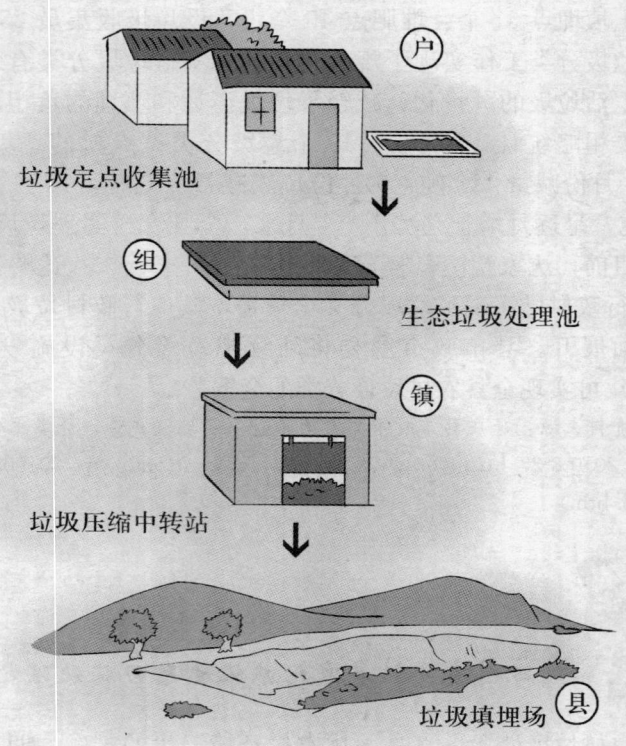

态收集设施体系。同时建立管理运作机制，各村民小组以村民议事方式，从本组选聘 1 名保洁员，每周工作一天，将农户定点垃圾收集池的垃圾转运至组上的生态垃圾处理池，按标准分类，并进行生态化处理；村上选聘 1～3 名保洁员，每周将组上生态垃圾处理池中无法生态化处理的垃圾收集转运至镇上的垃圾压缩站，由镇上的保洁员对垃圾进行压缩，县环卫人员将压缩后的垃圾运到县垃圾填埋场填埋。同时还建立起投入保障机制，垃圾处理设施建设实行县级全额补贴，其中垃圾定点收集池每个补贴 200 元、垃圾生态处理池 3 000 元、清洁房 600～800 元、垃圾压缩站 15 万元，全县共投入 1 000 万元，实现了垃圾收集处理设施全覆盖。

　　罗江县共 10 个镇、107 个村、1 220 个组，全县村组保洁人员基本报酬一年 510 万元，这部分运行经费有三个方面的保障，一是该县除五保户、低保户外,其他农户每人每月收1元钱,一年可收160万元;二是每个镇平均可收清洁费5万元,共计50万元;不足部分的300万元则由县财政列入预算解决,确保垃圾生态处理工作的常态运行。据测算,按生态处理方式,80%的农村垃圾可用做生态堆肥,2%~5%可就近填埋,3%~5%可回收利用,只有10%~15%的垃圾需集中处理。初步测算实现生态回收处理后,全县每年因减少垃圾转运费及相应人员支出就达近千万元,还增加了2000人的就业,经济效益明显。同时,垃圾生态回收基本上解决了农村垃圾的面源污染问题,使农村环境面貌发生了根本变化,不仅实现了垃圾处理减量化、再利用,垃圾堆肥后每年还能产生大量的有机肥料,有利于生态农业的发展。此外,通过建立垃圾生态处理模式,有效化解了农村垃圾转运的难题,有力地推进了环境综合治理工作向村、组、户延伸。通过村民自治,村民每月交卫生费虽然不多,但是农民受到启发教育,主动参与到环境治理中,素质得到提升,自觉养成了卫生习惯。同时因交了卫生费,农民们希望享受好的环境,人人都成了卫生监督员,进一步促进了环境的改善,社会效益喜人。

江西省萍乡市农村垃圾收集处理的"3+5模式"

2006年以来,江西省萍乡市选择1805个自然村开展社会主义新农村建设,清垃圾、清淤泥、清路障,整洁的村容很快展现在人们眼前。2009年启动农村清洁工程,在确保财政支持的前提下,从农口及涉农部门争取资金和项目支持,制定了一系列制度和规章,共安排2093个农村垃圾处理点,其中当年新农村建设点362个,往年新农村建设点1011个,非新农村建设点720个。目前,这2000余个农村垃圾处理点100%落实了卫生保洁设施,有2027个点落实了保洁员和"两桶一袋"工作,达总任务数的96.8%;建焚烧炉213个,累计处理垃圾12万余吨。试点的乡镇集镇基本上做到了有保洁员、有垃圾处理桶或垃圾处理池、有垃圾清运车及清运工具;

辖区学校开展了"小手拉大手"主题班会活动，在农村学校学生中推广讲卫生、爱卫生的新风尚；各地方卫生院结合自身实际，对废弃医疗垃圾进行了相应处理。全市涌现出一批农村生活垃圾处理先进典型村镇，农村清洁工程找回了农村秀美山水。

萍乡市将这项惠及广大农村和农民的民生工程称为"3＋5"模式。"3"是指农户、保洁员、村民理事会三个责任主体；"5"是指农村垃圾的五种分类处理方式，即根据垃圾种类，落实沤肥垃圾、回收垃圾、土建垃圾、有害垃圾、填埋垃圾五种方法。主要方法是：沤肥垃圾倒入沤肥窖或沼气池，成为有机肥料或清洁燃料；回收垃圾由供销部门进行回收、循环利用；土建垃圾用于填坑铺路；有害垃圾由环保部门会同供销部门按环保要求运送指定地点进行无害处理；没有回收价值的垃圾焚烧后灰土还田。

"3+5"模式是依靠农户、保洁员、村民理事会三个主体，确保有人做事，做得成事，确保垃圾有地方消化，消化得了。同时对垃圾处理设施进行合理布局，科学安排垃圾焚烧炉、建筑垃圾堆放场等村庄垃圾处理设施。

按照这一模式，萍乡市又选择了1 393个村点，从2010年11月到2011年10月实施垃圾无害化处理，朝着"三至五年大见成效"的目标继续努力。

2010年12月中旬一个冬雨绵绵的上午，到安源区白源街大陂管理处采访的记者看到几名身着工作服的保洁员正在清扫路面垃圾，收集垃圾桶内的垃圾，而在水泥路旁一处垃圾分类集中小屋里，各种垃圾已经进行了分类堆放。表明这里的村民对垃圾的集中、分类处理已经在思想上有了充分认识并已付诸行动。路边小店一位大娘高兴地说，在农村生活这么多年，想不到自己身边的环境卫生也能受到政府关注，感觉很幸福。五陂镇园艺分场小罗坪社区的一位干部说，原来这里有位村民打算把房子卖了，后来清洁工程一搞，水泥路也修到家门前，就舍不得卖了。

(资料来源：萍乡正式启动农村垃圾无害化处理，2008-11-6 9：26：23 宜春新闻网 http://www.pco.com.cn/news/awxw/qtaw/20081106/7021.htm)

话题3　清洁节能灶炕改造的典型案例

农村传统灶炕改造问题的提出

千百年来，"烧柴火做饭，用火炕取暖"是我国北方广大农村的传统习惯。过去沿用多年的旧式灶炕，因为热效率低，每年要烧掉大量农作物秸秆和薪柴，却不能很好地解决农民烧火取暖的问题，还致使农业生态环境日趋恶化,这已成为影响我国北方农村经济和社会发展的重要因素。

> **资料** 我国开展省柴节煤炉灶炕工作已经有近30年的历史,所取得的成就也是巨大的。截止到2005年年底,我国农村已推广应用省柴节煤炉灶1.89亿户(其中省柴灶1.51亿户、节煤炉0.38亿户)、节能炕1 975万铺。这些节能设备每年可以节约柴草和煤炭折合标准煤7 540万吨,为农民节省燃料费用开支200多亿元,相当于保护森林植被近2 000万公顷,分别减少二氧化碳和二氧化硫排放2.04亿吨和604万吨。同时,通过省柴节煤灶、炉、炕的推广和普及,提高了农村生活用能设备的热效率,改变了传统烟熏火燎的状况,提高了农民生活质量,改善了农村生态环境,缓解了农村生活用能紧张状况。并且,这一技术的推广还可以带动相关产业的大规模发展,解决一部分农村剩余劳动力的就业问题。

随着农村经济的发展,农村能源已不仅是关系到农民生活质量的问题,还关系到农村现代化进程和生态环境的改善。党和政府十分重视,提出了"因地制宜、多能互补、综合利用、讲求实效""开发与节约并举"的农村能源建设方针,并在近期内把农村节约能源放在重要地位。大力推广高效预制组装架空炕连灶,提高生物质能直接燃烧的热能利用率,以求尽快改变农村生活能源短缺的紧张状况。早在1983年2月10日,国务院办公厅就批转了国家计委、农牧渔业部"关于加快农村节柴改灶工作的报告",批示指出:解决农村烧柴问题是件大事,要求各地一定要认真抓好这件事。

传统灶具与土炕的主要弊病

1. 传统炉灶的弊病

我国农村传统的老式灶具有"一不、二高、三大、四无"的弊病。

- 一不：通风不合理。旧式灶没有通风道，只靠添柴口通风，添柴口进入的空气不能直接通过燃料层，燃料不能充分燃烧。
- 二高：只考虑做饭方便和添柴省力，锅台搭得很高，锅脐与地面距离远，火焰不能充分接触锅底，大量热能流失。导致开锅慢，做饭时间长。
- 三大：添柴口大、灶膛大、进烟口大。灶内火焰不集中，灶膛温度低，火焰在灶膛内停留时间短，导致大量热辐射损失，部分热量从灶门和进烟口跑掉。
- 四无：无炉箅、无灶门、无挡火墙、无灶喉眼插板。由于灶内通风不好，不能充分燃烧。大量冷空气从灶门进入，而降低了灶温，增大了散热损失。由于灶膛内无挡火墙，使灶内火焰和高温烟气在灶内停留时间短，火焰直奔灶喉眼，不能充分接触锅底，锅底受热面积小，做饭慢，时间长，费燃料。旧式灶没有灶喉眼插板，灶喉眼留小了没风时抽力小，烟气排不出去；灶喉眼烟道留大了，有风时炕内抽力大，烟火抽进炕内，开锅慢，做饭时间长。费柴、费煤、费工、费时，热效率低。

2. 土炕的弊病

旧式炕也同样存在"一无、二不、三阻、四深"的弊病：

- 一无：旧式炕内冷墙部分无保温层。冬季炕内冷墙的里墙皮有时上霜挂冰，热量损失大。里墙如抹不严，既透风又不好烧。
- 二不：旧式火炕的炕面不平不严，烟气接触底面流动时阻力大，影响分烟和排烟速度，炕内支柱砖受力不匀，易出现炕面材料折断和塌炕，直接影响炕面传热和均温效果。
- 三阻：旧式炕头用砖堵式分烟，烟气在炕内集中和停顿，分烟阻力大。炕洞大多采用卧式砌法，占面积大，炕面受热面积小，炕洞摆上迎火砖、迎风砖等造成排烟阻力大。由于用过桥砖搭炕面，造成排烟不畅，炕梢出烟阻力大，使得火炕不好烧和不能满炕热，增大了炕头与炕梢的温差。
- 四深：旧式火炕的炕洞深、"狗窝"深、闷灶深、落灰膛深，使炕内储存大量冷空气,吸收很多热量,多烧燃料炕还不热。

旧式灶炕由于存在这些缺点,普遍存在不好烧、炕不热、屋不暖、费煤、费柴、费工、费时的现象。

节柴灶的优点

● **从灶型的结构看** 省能炕灶具备"两小"(灶门和灶膛较小)、"两有"(有灶箅和烟囱)、"一低"(吊火较低)的优点,结构比较合理。有一个完整的通风系统,能使其内部的燃料得到较充分的燃烧;由于设置了保温层,增加了拦火圈,延长了高温烟气流在灶膛里的回旋路程和时间,从而使热损失减少,热效率提高。各地测试调查节能灶一般比老式柴灶省柴 1/3～1/2,节约时间 1/4～1/3,并且具备安全卫生、使用方便等优点。

● **从热力学原理看** 省能炕灶基本达到了节能的三个条件:一是能将燃料充分燃烧,使燃料中的化学能比较完全地转化为热能;二是传热保温效果好,有效利用的热值较大,散热的热值较小;三是能较好利用余热,尽可能减少排烟余热和其他热损失。

● **性能特点** 一是点火容易,起火快;二是持续加热效能高,并温度可调;三是安全卫生和保温性能好;四是热效率高。一般省柴灶的热效率在 25% 以上,而新建的省柴灶热效率高于 30%。

节能炕灶的类型

在我国农村,各地根据当地的生活习惯、传统文化和经济条件,有多种类型的省柴灶。

● **按照建造方式** 可分为手工砌筑灶和商品化灶;

● **按通风助燃方式** 可分为自拉风灶和强制通风灶(带风箱或

风机）；
- **按烟囱和灶门相对位置的不同** 可分为前拉风灶和后拉风灶；
- **按锅的数目** 可分为单、双、多锅灶。

根据柴灶的结构和特点，柴灶的热损失主要有排烟热损失、化学及机械不完全燃烧热损失、灰渣带走的热损失以及灶体、锅体的蓄热等。

节柴灶的外部施工

推广省柴灶最需要注意的是正确进行省柴灶的外部施工：

- **第一步是砌灶体** 灶体主要起保温和承担锅台质量的作用。灶体内径大小可以这样确定：用燃烧室的内径加上燃烧室结构的双边厚度，再加上保温层厚度，三项之和就是灶体的内径尺寸。灶体外表应做得整齐、面平，以利于粉刷。

- **第二步是砌灶门** 灶门的作用是添加燃料和观察燃烧情况，其位置应低于出烟口3～4厘米，若高于出烟口就会出现燎烟。一般农户的灶门高12厘米、宽14厘米，烧草的灶门可大一些，烧煤的灶门可小一些。为了防止热能从灶门散失掉，灶门上应安装活动的带有观察孔的挡板。

- **第三步是砌灶台** 通常灶台凸出灶身4～8厘米，做成一种滴水边，既方便使用，又美化了灶形。砌灶台时还要注意内口留出3～4厘米，以便做锅边。

- **第四步是抹锅边** 锅边是紧贴和托起铁锅的结构，常用硬泥或混合泥做成。一般大锅的锅边厚度为25～30厘米，抹锅边为20～25厘米，小锅、特小锅15～20厘米。抹锅边时，应边抹边用锅试，力求抹严、不跑气。锅沿超出灶面的高度要控制在3厘米以内，以便增大锅的受热面积。

- **第五步是砌烟囱** 烟囱具有一定的抽力，可以保证燃烧室内进入充足的空气，并将燃烧过程中产生的废气排到大气中。户用炉

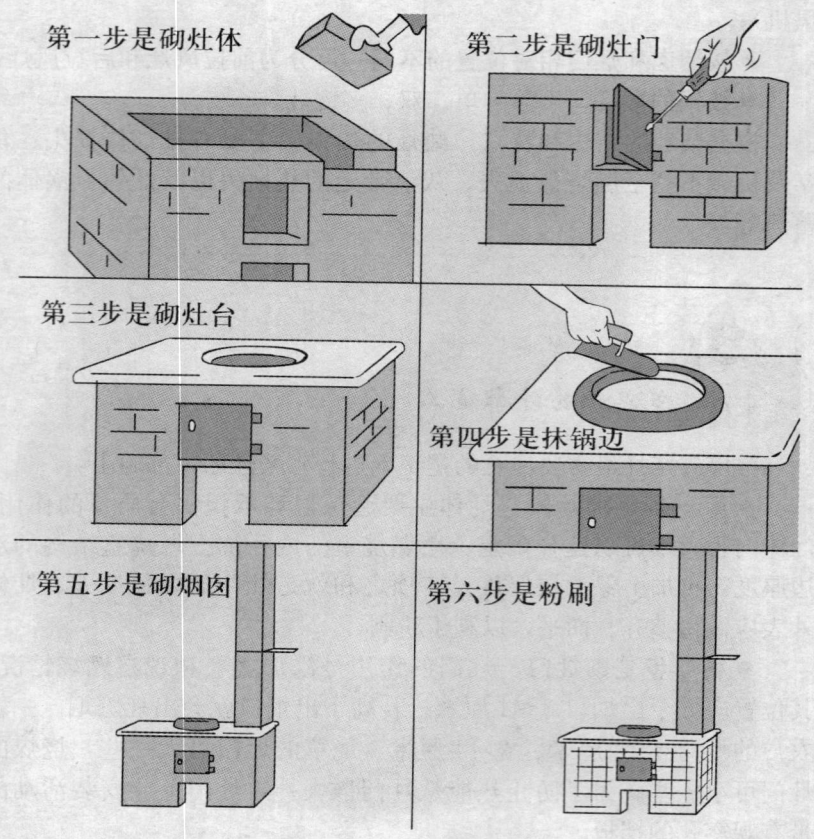

灶的烟囱高度在3米左右，出口内径为12~18厘米。在烟囱的适当位置上要设置闸板，以控制调节烟囱的抽风量，在烟囱的基部要留掏灰孔。如果采用预制结构烟囱，内径不得小于16厘米。一般情况下，烟囱应高出屋脊0.5米。

● **第六步是粉刷** 粉刷要在炉灶测试合格以后进行。一般灶台面、出烟口等部位最好使用1∶3的水泥砂浆粉刷。灶台面如贴瓷砖，一般应在灶的各种性能达到技术要求且灶体阴干后进行。

北方推广吊炕的效果

● "北方高效预制组装架空炕连灶"(俗称"吊炕")是辽宁省农村能源科技人员在"七五""八五"期间,依据建筑结构学、流体力学、热力学、气象学等多种学科反复研究,不断实践研制成功的。吊炕这一新式炕灶按照燃烧和传热的科学原理合理设计:对炕灶的热平衡和经济运行进行了优选,改造了炉膛、锅壁与灶膛之间的相对距离和吊火高度、烟道及通风、炕内结构等,并在炕灶方面增设了保温措施,提高了余热利用效率,扩大了火炕的受热面和散热面。新式炕灶结构合理,通风良好,柴草燃烧充分。炉灶上火快,传热和保温性能好,具有省燃料、省时间、好烧、炕热、屋暖、使用方便、安全卫生等优点。新式灶的热效率由过去的14%~18%提高到25%~35%,炕灶综合热效率由过去的45%左右提高到70%以上。普通的农家大炕只是一面散热,而吊炕可以两个大面散热,炕面最高温度可达40℃,室内温度可达15~20℃,高效节能。每铺"吊炕"每年可节约1 382千克秸秆或1 210千克薪柴,相当于691千克煤,可使室内温度提高4~5℃,炕温保持24小时。炕内宽敞,排烟通畅,结构合理,炕温能做到按季节所需调节,室温适宜,不仅热效率高,而且外形为床式,十分美观,深受广大农民欢迎,被称为农家"席梦思"。

● 吉林省在农村主推节能炕建造技术。节能炕建造技术就是在农户家中,利用原有的房屋,对老式火炕、炉灶进行改造、重建,从而达到节能、降耗,增强取暖效果的一种技术。节能炕灶有机融合了灶、炕、房三者关系,将灶、炕修改为节能型,根据取暖房屋面积的大小,通过调整节能炕散热量,对最佳供暖需求进行合理配置。该项技术适宜在广大农村推广应用,可比老式炕节柴30%,热效率提高3%~5%,每户每年预计可节省燃料开支400元。目前,节能炕灶已在北方各地普遍推广。截至2008年年底,全国已推广节

能炕 2 050 万铺、节能炉 3 342 万台。仅甘肃省 2009 年节能灶普及率就已达 379 万台,节能炕 195 万铺,普及率在 60% 以上。青海省测算,如在全省全面普及节能炕灶,每年可节省 226 万吨柴草,折标煤 113 万吨,加上可节省室内采暖原煤 56 万吨,所节省燃料相当于 2009 年全省原煤产量的 16.7%,减排二氧化碳 381 万吨。节能炕灶的有效使用期在 10 年以上,户均每年可减少采暖开支 600 元以上。

(资料来源:建议在我国北方农村推广"吊炕"技术,人民政协网,www.rmzxb.com.cn 2009-11-23 09:23)

青海省化隆县告别老土炕盘上节能炕

"三十亩地一头牛,老婆孩子热炕头"。煨炕取暖的方式在北方农村世代沿袭,燃料消耗大,热效率不高。2009年,青海省化隆回族自治县大力推广新型节能吊炕,已有近千户农民告别老土炕,盘上了新型节能炕。

● 时值冬日,海拔3 300多米的化隆县二塘乡寒风凛冽,但工哇滩二村村民张吉守家里却温暖如春,一家人围坐在新盘的节能热炕上看电视。改造前老土炕不冷不热,有时三更半夜还要烧炕,现在则不用了。青海东部地区根据当地农民的传统生活习惯和烧、煨用材的不同,在推广新型节能热炕时设计出两种节能炕:一种是节能煨炕,用细碎的草渣及牛羊粪作燃料;另一种是节能灶炕,用长草及薪柴等为燃料,在做饭烧水的同时,可以解决炕体取暖。在化隆农村,煨炕的活儿几乎都由妇女来干,新型节能灶炕的推广和使用,减轻了广大妇女的劳动强度。

● 新型节能热炕只需对农村具有一定盘炕经验和技术的工匠进行简单技术培训指导,便可自行修建。所使用建筑材料也比较简单,价格较低,大多数材料当地就可购买,大大降低了修建成本。新型节能热炕煨火2小时后炕面温度达到20℃左右,炕热时间可持续24小时,炕面热分散均匀,改变了传统土炕炕头热、炕尾凉、炕边冷的情况。经测算,改造后的新型节能热炕,综合热效率由原来的45%提高到70%以上,每户年均节约柴草1吨以上,冬季居室温度平均提高5~7℃。

● 截至2009年11月底,化隆县已完成新型节能热炕1 000多盘。到2012年,化隆县将结合新农村建设、地质灾害搬迁户建设、农村困难群众危房改造、残疾人危房改造等工作,对全县20多万农民的传统土炕进行全面专业化施工和社会化服务改造。

话题 4　农村厕所改造的典型案例

小厕所，大问题

改革开放以来，农民的收入有了很大增长，但是农村的生活质量提高却不很显著，其中一个重要原因就是环境卫生差，突出表现在简陋的厕所既不方便又不卫生。有些农民说，"小康不小康，不看厨房看茅房"，反映了广大农民对于整洁卫生如厕环境的渴望。

> 厕所改建看似事小，却关系到农民的身体健康和基本生活质量。改厕可以减少或避免粪便污染，预防传染病和寄生虫病，减少因生病而带来的经济损失；可防止粪便流失，减少养分挥发，提高农作物产量；可以保护环境，减少粪便对空气、水、土壤的污染，保护水资源。改厕可增强农民的卫生意识，促进农村环境卫生改善，提高农民生活质量和文明卫生素质。

北方农村原有的厕所大都在室外，有的是用土坯或碎石块垒砌的四面围墙式，有顶或无顶，只有 1 平方米见方。简陋的厕所用玉米秆、芦席、破塑料膜等围起，勉强能遮羞蔽体，很多厕所建得还不如牛栏。农村高档一点的砖混结构厕所大多是多坑位的公共厕所，坑位间有 1 米左右的隔档，每个坑位的长方形便坑下面是深 2 米以上的粪坑，为的是可以积存更多的排泄物。南方许多农户没有厕所，如厕时在室内使用木质的马桶，每天清早在池塘边或河湖边刷马桶，不远处还有人淘米洗菜，极不卫生。

更严重的是，农村厕所已成为传染病最主要的传染源，如果不将粪便进行有效收集和处理，很容易污染水源、土壤、蔬菜、瓜果等，食用受污染的水、蔬菜、瓜果等，就有可能患上腹泻、痢疾、伤寒、霍乱、甲型肝炎等疾病或造成蛔虫、钩虫、血吸虫病等的发

生和流行。1988年上海市"甲肝大流行",就与食用被粪便污染而传染病毒的毛蚶有关。

根据卫生部2003年公布的数据,全国2.5亿农户厕所改建率为48.7%,粪便无害化处理率为52.6%,仍有1.22亿户农民没有使用卫生厕所。

实施新农村建设工程以来,各地农村改建了大批卫生厕所,但发展很不平衡,经济欠发达地区由于资金不足,改厕的数量较少,标准不高,进度较慢,不能充分满足农民的需要。

 *沈阳市与苏州市农村的改厕效果*

从2000年开始,沈阳市开始把农村改厕作为社会主义新农村建

设的一项重要内容来抓。2008年市政府将改厕工作纳入卫生工作目标责任状，国家、市和各区县（市）合计投资1 000余万元，共完成改厕建设任务8 000座，其中户外改厕135座，修建"三位一体"沼气式厕所3 100座，整体上楼改厕2 388座，还新建了3 647座无害化卫生厕所。

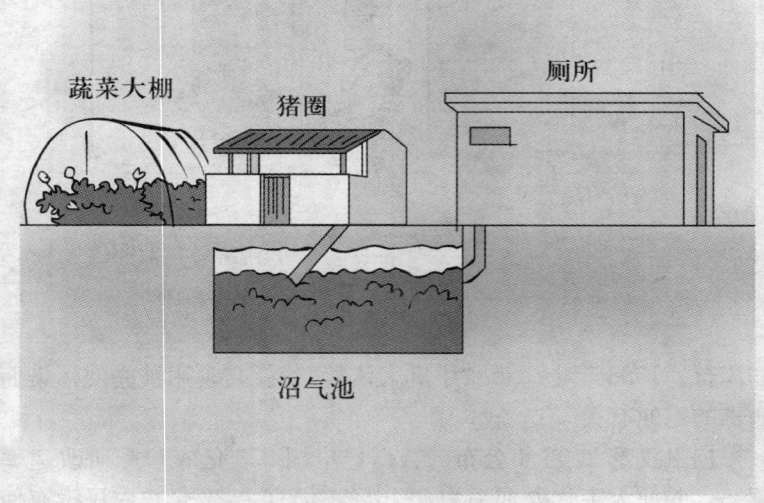

● 沈阳农村改厕坚持高起点，最初采用三格化粪池式、双瓮漏斗式、双坑交替式等无害化卫生厕所。粪便经过化粪池发酵处理后基本无异味，可直接用做有机肥。从2005年开始，沈阳市利用农村开展沼气池建设的契机，推广"一池三改"和"四位一体"无害化厕所。"一池三改"，即底下是沼气池，上面有猪圈、厕所，"四位一体"就是再加上蔬菜大棚。人的粪便直接进入沼气池，变成沼气和有机肥，既节能又环保。沈阳市还大力推进农村厕所入室，仅2008年就完成3 000余座，居全国领先。

● 经济发达地区改厕的进展更快，截至2010年年底，苏州市农村无害化卫生户厕普及率已达到98.6%。在传统"三格式"化粪池的基础上，苏州市不少农户又增加了一格，放上碎石、沙子、土壤，再种上美人蕉等根茎植物，不仅多了一道过滤程序，而且还能吸收污水中的磷、氮等元素。经处理后，生活污水可达到二级排放标准。截至2010年年底，全市66%的建制镇和90%的行政村分别建成国家级卫生镇和省级卫生村，农村集中式生活饮用水供水普及率和水质监测合格率均达到100%。

（资料来源：万座农村厕所改造"方便"村民 2008年12月16日 09：31 沈阳日报。

农村无害化卫生户厕普及率98.6% 20110317 08：11：30 苏州日报）

农村无害化卫生厕所的标准

农村户厕是农村家庭中一项不可缺少的基础卫生设施。随着农民生活水平的提高，许多农户改室外如厕为室内上厕。为改善农村环境卫生，预防肠道传染病和寄生虫，保障居民身体健康，提高生活环境质量，由中国疾病预防控制中心等单位起草制定了农村户厕卫生国家标准并已在2003年11月10日发布（GB 19379—2003《农村户厕卫生标准》）。

该标准指出，户厕为供农村家庭成员便溺用的场所，由厕屋、便器、储粪池组成。户厕可建在室内，也可建在室外，包括水冲式厕所和非水冲式厕所两类。

● 厕所有墙、有顶，储粪池不渗、不漏、密闭有盖，厕内清洁，无蝇蛆，基本无臭，及时清除粪便，并进行无害化处理。具有粪便无害化处理设施的卫生厕所称无害化卫生厕所。

● 室外户厕在农村庭院的方位，应本着方便使用的原则，并根据常年主导风向，建在居室、厨房的下风侧。室内户厕应与住宅设计和建设统一安排。

● 户厕内的地坪应高于庭院地坪100毫米，以防止雨水淹没。在上、下水设施完备的地区，宜建节水型水冲式厕所。排出的粪便污水必须进行无害化处理。在上、下水设施不完备的地区,可因地制宜地建卫生厕所和无害化卫生厕所,如三格化粪池厕所、双瓮漏斗式厕所、三联式沼气池厕所等。在寒冷地区,应采取保温御寒措施,户厕储粪池(无害化处理设施)应建在冻土层以下。

● 厕屋应与住宅建筑协调。厕所必须有防蝇设施。粪池出口应高出地坪100毫米,出粪口应密闭加盖。

● 户厕应坚持卫生管理,保持厕内清洁卫生,使厕内地面无积水、无垃圾,便器内无粪迹、尿垢、杂物。

● 非水冲式户厕,厕内须有储水设施、盛水器具、纸篓和清扫工具,以便维护户厕的清洁卫生。后储粪池的粪便(如双瓮漏斗式厕所的后瓮、三格化粪池厕所的第三格)应及时清除。前储粪池的粪渣(如双瓮漏斗式厕所的前瓮、三格化粪池厕所的第一格和第二格)应在1~2年内定期清掏,清掏的粪皮、粪渣必须进行无害化处理,达到高温堆肥卫生国家标准。

● 水冲式户厕,应建立三格化粪池对粪便进行无害化处理,或经规划的下水管道排入三格化粪池或净化沼气池统一进行无害化处理。粪渣同样必须进行无害处理并达到堆肥卫生的国家标准。

农村户厕的各项设施应合理使用和维护。标准还对户厕的蝇蛆、臭味、采光系数、氨气浓度、出口粪液的粪大肠菌值和蛔虫卵沉降率等提出了明确的数量限制。

(资料来源:农村户厕卫生国家标准(GB 19379—2003)2003年11月10日发布)

话题5 美化村容发展生态旅游的典型案例

发展乡村生态旅游的意义

农村自然环境好,资源丰富,很多地方都有其独特的魅力,如何挖掘出当地的特色并打造成亮点，值得我们思考。现有的"农家乐"更让人们看到了农村旅游的无限生机，特别是开发、利用、保护好农村丰富的生态旅游资源，能够带动当地的经济发展。现代繁忙的都市生活疏离了那些曾经美好的情境和大自然，市民越来越渴望走出城市，回归和重温乡村，无论是短期走访还是在乡间从容小住，都可适当地弥补都市生活的不足。就这个意义上说，发展乡村生态旅游，是建立在缓解紧张的现代社会生活、慰藉现代人焦虑的心灵情感精神需求基础之上的，所以有着广阔而长远的开拓前景。

> "生态旅游"是现代社会度假休闲的世界性趋势，生态旅游的丰富形式，将成为保护并传播地域文化、提升旅游者文化品位和精神品格的有效途径。作为一种新兴的旅游方式，可以充分实现旅游者回归自然、体验原生态文化以及对民间文化溯源寻根的意愿。生态旅游区别于观光旅游或是探险旅游，正是在于它更重视旅游者与自然环境（包括乡村的自然风物、历史和生活方式）的良性互动关系。它不是简单地观看与欣赏，而是发现和参与。

发展乡村旅游还有利于提高农民的经济收入。利用乡村美丽恬静的环境和淳朴自然的民风民俗开展乡村旅游，使当地农民参与到旅游服务行业中，如提供餐饮、住宿、交通等服务，或者种植、加工、销售当地的土特产品，可获得可观的经济收入，直接提高农民收入水平。游客亲自采集瓜果、品尝农产品，农产品的就地销售减少了营销环节，降低了交易成本，也间接提升了农民的经济收入。

发展乡村旅游为农村剩余劳动力就业提供了大量的机会。旅游业属劳动密集型产业，对劳动力的吸纳能力极强，还可带动运送游客的服务和商品销售业务等。

发展乡村旅游还有利于农业产业结构的调整，通过扩大农产品交易市场，减少流通环节，提高了农产品价值。农民对农产品进行简单加工后销售给旅游者，增加了农产品附加值，带动了第三产业

发展，促进了农村产业结构调整和优化，改变农村经济增长方式，使农业劳动力向非农产业转移。

通过对旅游资源的开发，可以促进城乡理解和交流，通过加大基础设施建设的力度，不断改善乡村旅游环境，使农村道路、供电、供水、垃圾处理等旅游基础设施明显改善，城乡差别日趋缩小，达到城市带动农村的目的。

总之，乡村旅游是以乡村为依托，以乡野情趣、乡村文化、农事活动体验、乡村田园风光、自然人文景观观光为主要内容的度假休闲活动。农业特色产业是构建乡村旅游的重要内容，它不仅是现代农业发展的客观需求，更是创新特色乡村旅游产品的需求。

青岛市珠山国家森林公园周边生态文明社区建设的实践

青岛经济技术开发区珠山国家森林公园为保护环境，严格控制周边地区的开发规模，工业化、城市化程度较低，区域经济发展缓慢，群众居住生活水平与工业化、城市化程度较高的城区差距较大，基础设施差，居住水平低，收入增收缓慢。为此，当地依托森林公园的资源与优势，进行了新农村生态文明社区建设与发展生态旅游的实践并取得了一定成绩。主要经验是：

● **强化农业基础** 发展生态农业和生态旅游业采取多种方式：引进作物新品种，推广以济麦19号小麦品种为代表的粮食作物和以8130花生品种为代表的油料作物；发展无公害果品，2000年在窝洛子、刘家庄等五个果品生产村试点推广果品套袋新技术；发展淡水养殖，2001年在东韩家台村进行鱼藕混养试点成功；发展花卉种植，引进花苗和种植技术，建设齐辰园艺、万国红花卉、东花兰花卉示范园，苗圃面积已达四百多亩。

● **大力发展生态旅游** 青岛野生动物园于2003年开放接待游客，放养了263个品种5 000只野生动物，为高品位生态园区；鑫隆生态观光园投资3 000万元，园区总面积500余亩，主要栽植桃、杏、大枣、樱桃等生态经济苗木及高效特色经济作物；东花兰等特色樱桃、杏、桃、榛果休闲采摘园园区已面向社会开放；开展了特色农家宴、农家游。

● **发展合作经济** 按照"公司＋农户"的模式，于2006年成立了开发区"柳绿"食品加工厂，使扶贫养鸡户从季节性养殖逐步走向规模性养殖，实现了绿色鸡类产品生产、加工、销售一体化，形成稳定的市场流通体系；按"协会＋农户"模式，办事处组织农民成立"芋头协会"，并进行"柳花泊芋头"集体商标注册，柳花香芋为境内特产，种植面积达540亩，年产量近160万斤。

● **做好统筹协调** 乡村生态旅游开发涉及政府、开发商、社区集体和农户等多方利益，开发过程实际是开发商、当地政府和农户追求自身利益最大化的非完全信息动态博弈过程。农户由于自身素质和所处地位的限制，在旅游收益分配中往往处于劣势。同时，乡村旅游具有较强季节性，珠山国家森林公园周边社区在充分运用现有农业资源的基础上，以生态学、美学和经济学原理指导农业生产，通过规划、设计、施工，把农田建设、农艺管理、产品生产、原料加工和游客参与融为一体，达到改善生态环境、增加就业机会、向游客提供高质量旅游经历的目的。由于注重科技投入和以保护生态为前提，为游客提供了良好的生态环境。

（资料来源：青岛珠山国家森林公园周边社区生态文明型新农村建设研究，中国海洋大学 2008 年，作者：同春芬）

福建省仙游县编制乡村旅游规划

仙游县大力实施"依港兴县、工业强县、生态立县"的发展战略，全力打造经济开发区、中心城区、生态旅游经济区三大经济板块。县委、县政府坚持科学发展，把占县域面积 1/2 的钟山、游洋、石苍、象溪、社硎、书峰、西苑、度尾、榜头等 9 个乡镇划入生态旅游经济区，突出发展生态旅游，建好生态最佳、环境最美、农民致富的新农村。

为促进乡村旅游发展，推进旅游产品结构升级，本着"生态优先、规划先行"和"高标准、高起点""突出重点、体现特色"的原则，由县政府组织、专业人员设计、部门配合、群众参与，在全县旅游发展总体规划和生态旅游经济区发展规划框架下，着手编制乡村旅游规划。

1. 编制规划的思路

● 规划坚持"三个结合"，即新农村建设与古村落、古建筑、民俗文化遗产保护与传承相结合，与生态农业、生态林业、生态家园建设相结合，与生态观光、民俗文化、农家乐旅游开发相结合。规划突出"四个注重",注重建设一批特色生态村、文化村、产业专业村,注重改善交通、水利、公益设施条件,注重村容村貌整治优化人居环境,注重发挥农民主体作用。规划突出"五个强化",即强化生态文明宣传氛围,强化组织领导合力,强化引导扶持作用,强化项目支撑力度,强化新型农民培育。

● 通过因地制宜策划旅游开发项目,整合旅游资源,注重品牌运作,突出产品特色,形成以生态山水、生态能源、农业观光、宗教朝圣、红色旅游等为特色的十大旅游功能区,培育壮大生态旅游经济,带动商贸服务、餐饮、娱乐、房地产开发等第三产业发展。同时,从山区优势资源分布现状和开发潜力出发,积极发展现代农业、生态农业和观光农业,推进传统农业向高效农业转变;加快建设台湾农民创业园,推动闽台农业、旅游合作和文化交流。这样使乡村旅游建设规划既符合"生态立县"的要求,又彰显个性特色,能够长期坚持,持续实施,成为新农村建设的突破口和着力点,为加快仙游生态旅游经济区奠定坚实基础。

2. 仙游县乡村旅游开发特色

开发特色乡村游。仙游山川各具特色。

● 在钟山,可畅游以湖、洞、瀑、石四奇著称的九鲤湖,领略九鲤飞瀑的神奇。

● 在游洋,可观赏千亩毛竹林,那连绵起伏的竹海,如诗如画般展现在你眼前。

● 在石苍,拥有 2.17 平方千米湖面的金钟湖,可与闻名国内外的大金湖相媲美。

● 在象溪,四季常新的菜溪岩景色,悠久的历史文化景观,可体验一次难忘的生态人文游。

● 在西苑,有国家级文物保护的无尘塔,还有十八股头神态各异的奇石。福建唯一的一个抽水蓄能电站也引人入胜,建成后的上、下水库平均落差 448.5 米,成为集山、泉、库于一体的电站风光旅游奇观,是人们假日休闲的宝地。

● 书峰乡在农民自愿参股的基础上建立花卉合作联社、青黛合作社、枇杷合作联社等，精心规范黄金果生产园、青靛药物园、珍稀植物引种园、枇杷采摘园、名贵植物园，进一步丰富了生态旅游资源，吸引成批游客观光。不少村民办起了"森林人家"接待户，为游客提供吃、住、娱等方面服务，从而实现了增收。

● 社硎乡发动修园村农民种植5万多棵台湾阿里山樱，现已长到3米多高。每当樱花开放，花姿灿烂，成为颇具特色的赏花路线。该乡发动社硎村、田利村、塘西村农民栽种10万株阿里山樱，建起乡村童年乐园、乡村教育果园、草地运动区、樱花山庄和土特产一条街，打造全省独一无二的"樱花之乡"品牌旅游。

● 仙游山区乡村以"春赏花、夏耕耘、秋摘果"为内容，一乡一特，一村一色，一景一品，把特色资源转变成产品优势、市场优势和产业优势，延伸产业链条，促进了相关产业的发展，增加了农民收入。

● 坚持保护与开发并重，探索建立多元化的投融资机制，鼓励不同经济成分和各类投资主体，采取多种投资形式参与生态旅游经济区建设，进一步推动特色乡村游开发，创造"山、人、水"相融合的生态旅游空间，促进仙游的自然生态资源优势逐步转化为经济优势，生态旅游及相关产业经济逐步成为县域经济新的增长点。

3. 优化乡村旅游环境

只有配套的乡村基础设施和完善的旅游服务功能，才能真正助推乡村旅游快速发展。近年来，仙游县通过抓旅游基础设施建设改变村容村貌。生态旅游经济区乡村道路通达率达95%以上。县里已投入1 000多万元，建设通往莱溪岩景区的道路和景区内步游道修整等项目；同时启动环山区公路建设项目，争取与周边的国家级风景区永泰青云山、省级森林公园莆田瑞云山、泉州永春牛姆林、国家水利风景区仙游九鲤湖形成"三日游"的旅游网络。

在乡村旅游发展过程中，实施"造福工程"，搬迁偏远山村居民1 700人；许多山村还积极筹措资金，房前屋后种植降香黄檀，美化了庭园，改善居住环境，改善接待条件。县里大力实施"万村千乡市场工程"建设，把连锁经营、超市、连锁店等现代经营方式引入乡村，全县已建设、改造"农家店"688家，分别分布在127个行政村，改善了农村消费环境，也满足了更多城镇游客的消费需求。

乡村游的发展，带来了大量的人流、物流、信息流，促进了农民综合素质的提高。所在乡镇还以文明创建促进新农村建设，培育明理诚信、守法友爱、勤劳敬业的新农民，提高广大村民的思想道德素质。旅游管理部门将从规范行业入手，制定《星级农家乐管理试行办法》和《星级农家乐评定标准》，对从业人员进行文化卫生知识、职业道德、经营技巧、业务技能等方面的培训，为农民整体素质的提高打下了基础。各村还结合村部大楼建设，建立村级文化室或农家书屋，丰富村民精神文化生活，树立积极向上、不断进取的文明新风尚。所以说，发展乡村旅游对农村社会综合的带动功能远远大于它直接创造的经济效益。

（资料来源：制订十大景区规划，仙游县大力发展乡村生态旅游。2009-7-31 10：50：36 湄洲日报）

北京山区发展沟域经济的经验

1. 北京市发展沟域经济的背景

"沟域经济"是指以山区自然沟域为单元，充分发掘沟域范围内的自然景观、历史文化遗迹和产业资源基础，打破行政区域界限，对山、水、林、田、路、村和产业发展进行整体科学规划，统一打造，集成生态涵养、旅游观光、民俗欣赏、高新技术、文化创意、科普教育等产业内容，建成绿色生态、产业融合、高端高效、特色鲜明的沟域产业经济带，达到服务首都和致富农民目标的一种经济形态。

北京山区面积约1万平方千米，占全市面积62%，拥有1千米以上的沟约2 300条，3千米以上沟220余条。

2008年12月，北京市山区工作会议提出了加快山区沟域经济发展的意见。它的产生有三个背景：

- 山区生态环境明显改善为沟域经济发展奠定了良好环境基础。近年来，通过实施京津风沙源和小流域综合治理、绿化造林、废弃矿山生态修复、泥石流易发区农户搬迁、新农村基础设施建设等生态建设工程，以及建立生态林补偿、农村管水、保洁等一系列长效管理机制，山区的生态环境质量明显提升，农民的环保意识显著增强。

- 大力发展绿色循环产业和山区农民增收致富的强烈愿望成为沟域经济发展的内在动力。通过连续大规模地关闭矿山开采、资源加工型企业和培育特色林果、绿色养殖、乡村旅游等生态友好型产业，山区产业结构在发生质的变化的同时，寻找一种既能够有效保护生态环境，又能显著增加农民收入的发展模式，成为山区工作者和山区农民的现实追求。

● 城市居民亲近自然的消费需求成为沟域经济发展的外部推动力。随着经济的发展、交通的改善，城市居民对山区优美的自然环境、丰富的人文遗迹、多彩的民俗文化的向往，日益变成节假日京郊游的实际行动。

2. 沟域经济的主要建设模式

各区县根据每条沟域不同的自然条件、产业基础、历史文化、发展趋势，创造出几种适合不同地区条件的发展模式：

● **文化创意先导模式** 通过创新思维改变人们现有的消费理念、方式和途径，依托自然、历史、文化资源开发文化创意产业，打造新的经济增长点。如密云县汤河沟域"紫海香堤"以"浪漫香花，山水长城"为定位，打造长城脚下最具时尚浪漫、国际型的香草庄园。

● **特色产业主导模式** 利用已有特色产业资源，注入科技、绿色、健康内涵，延伸都市农业产业链，提升产业整体竞争力。例如，怀柔的"雁栖不夜谷"，以虹鳟鱼养殖产业为支撑，开展特色民俗游。

● **龙头景区带动模式** 以知名景区为龙头，发展农业采摘园、民俗村、宾馆饭店等配套服务设施，形成众星捧月的区域发展格局。例如，房山区以十渡景区为龙头打造"十渡山水文化休闲走廊"。

● **自然风光旅游模式** 依托优美自然环境，发展农业体验、休闲养生、观光旅游业，带动区域产业发展。例如，延庆县千家店镇充分利用优美的自然环境，启动了"黑白河沿线百里山水画廊工程"。

● **民俗文化展示模式** 依托传统民居、宗教寺庙、革命遗址等人文景观，发展民俗旅游、文化旅游和红色旅游，并带动特色林果业、休闲农业和农业科技园区等现代都市型山区农业发展。例如，门头沟区斋堂镇利用爨底下村明清古建筑群资源打造爨百民居文化休闲旅游沟域。

3. 取得的成效

在政策引导、部署推进、典型示范等工作措施的推动下，北京市 7 个山区县积极探索，沟域经济开发取得了初步成果。起步较早的 17 条沟域已形成一定规模并起到示范作用，沟域经济发展的效果主要表现在：

- **提高了山区农民的收入水平** 2000 年以来人均纯收入年均增长速度高于京郊平均水平，到 2009 年年底山区农民人均年收入已达到 10 518 元。
- **提高了山区生态环境质量** 到 2009 年年末，山区 95% 以上的宜林荒山实现了绿化，林木覆盖率达到 71%，1 153 万亩生态林年增碳汇 967 万吨，山区 77% 的水土流失面积得到治理。
- **提高了城市居民的幸福指数** 丰富多彩的沟域成为市民放松身心的理想场所。2009 年山区民俗旅游村共接待游客 2 160 万人次，占 10 个远郊区县旅游人数的 88%。

4. 发展展望

经过几年的工作实践，沟域经济已经成为北京山区落实功能定位，破解产业发展难题，走上文明小康之路的正确选择。2008 年 12 月，北京市山区工作会议提出了加快山区沟域经济发展的意见，把它作为推动山区发展战略的重要组成部分和转变山区发展模式的重要举措。2010 年市政府还拿出 7 条沟进行开发规划的国际招标，广泛借鉴国际先进的发展理念，以高标准的规划推动沟域经济高水平发展，与世界城市的建设相协调。与此同时，将编制完善全市山区沟域经济五年发展规划，并选择 60 多条沟域列入五年发展规划范围之中。到 2015 年力争使具有一定规模的沟域达到 34 条，顺利启动 28 条沟域的建设，并形成自主发展能力。

（资料来源：北京市农村产业发展报告（2010）北京市农村工作委员会）

第三讲

农业环境污染综合治理的典型案例

话题1 农村水环境治理的典型案例

农村水环境的现状

1. 我国农村水环境概况

目前,我国农村地区的生活、养殖污水基本上未经过处理就直接排放,农村生活污水、养殖污水治理已经影响到现代新农村的建设。

● **地表水环境质量状况** 根据2009年中国环境状况公报,全国地表水污染依然较重。长江、黄河、珠江、松花江、淮河、海河和辽河七大水系总体为轻度污染。203条河流408个地表水国控监测断面中,Ⅰ~Ⅲ类、Ⅳ~Ⅴ类和劣Ⅴ类水质的断面比例分别为57.3%、24.3%和18.4%。其中,珠江、长江水质良好,松花江、淮河为轻度污染,黄河、辽河为中度污染,海河为重度污染。

26个国控重点湖泊(水库)中,满足Ⅱ类水质的1个,占3.9%;Ⅲ类的5个,占19.2%;Ⅳ类的6个,占23.1%;Ⅴ类的5个,占19.2%;劣Ⅴ类的9个,占34.6%。主要污染指标为总氮和总磷。营养状态为重度富营养的1个,占3.8%;中度富营养的2个,占7.7%;轻度富营养的8个,占30.8%;其他均为中营养,占57.7%。

● **地下水环境质量状况** 经对北京、辽宁、吉林、上海、江苏、海南、宁夏和广东8个省（自治区、直辖市）641眼井的水质监测，水质适用于各种使用用途的Ⅰ～Ⅱ类监测井占评价监测井总数的2.3%，适合集中式生活饮用水水源及工农业用水的Ⅲ类监测井占23.9%，适合除饮用外其他用途的Ⅳ～Ⅴ类监测井占73.8%。主要污染指标是总硬度、氨氮、亚硝酸盐氮、硝酸盐氮、铁和锰等。

2. 农村水环境的主要问题

20世纪80年代以前，我国农村水环境总体状况尚为良好，水污染问题是局部性的。1980年以来，我国农村水环境质量不断恶化，目前农村水环境问题主要表现在：

● 排污河两岸、污水灌溉农田及地下水污染严重，许多清水河变成了排污河。

● 乡镇企业布局分散、生产工艺落后，排污种类多、浓度高，往往是一个企业污染了一条小河、一个池塘、一片农村，对农村水环境造成了严重危害。

● 城郊集约化畜禽养殖场和农村生活排污问题日益突出，大量的粪便就地堆放、污水就地排放，污染了农村内部及周边水环境和卫生环境，使乡村小河、池塘变成了臭水沟、臭水塘。

● 农业内部化肥和农药的大量使用、流失，已成为农村地下水和大江、大河及湖泊污染的主要原因。

● 气候变化在一定程度上加剧了水环境的恶化。一方面是由于水资源亏缺的影响，如华北由于降水量持续减少，海河流域的绝大多数支流常年干涸，尚存少量水的湖泊、池塘与河流等水体不能及时更新，水质不断恶化。另一方面是由于气温的升高，加上工农业和生活废弃物的无序排放，导致藻类急剧繁殖，水体富营养化，也使水质不断恶化。

农村水环境治理的原理

农村污水处理技术的选择要量力而行，充分考虑到农村地区财力状况薄弱、农民实际承受能力较低这一普遍情况，处理工艺的选择不能盲目攀比，不能一味地选择时髦先进、处理效果好、自动化控制水平很高的处理工艺，而应该着重考虑选用既成熟可靠，又适合农村特点和实际的污水处理技术。

> 建议污水处理技术的选择优先达到 2 个目标：一是达标排放或回用；二是注重经济适用，运行成本低，管理维护简单。

目前国内外应用农村生活污水治理的处理技术比较多，名称也多种多样，但从工艺原理上通常可归为两类：第一类是自然处理系统。利用土壤过滤、植物吸收和微生物分解的原理，又称生态处理系统，常用的有人工湿地处理系统和地下土壤渗滤净化系统。第二

类是生物处理系统,又可分为好氧生物处理和厌氧生物处理。好氧生物处理是通过动力给污水充氧,培养微生物菌种,利用微生物菌种分解、消耗吸收污水中的有机物、氮和磷,常用的有普通活性污泥法、AO法、生物转盘和SBR法等。厌氧生物处理是利用厌氧微生物的代谢过程,在无须提供氧气的情况下把有机污染物转化为无机物和少量的细胞物质,常用的有厌氧接触法、厌氧滤池、UASB升流式厌氧污泥床等。

湖北省宜都市鸡头山村水环境整治的实践

1. 水环境整治项目规划及实施情况

末级灌溉渠道垮塌、淤塞严重,输水效率低下,灌溉面积逐年萎缩。排水沟损毁严重,多已丧失排涝功能。堰塘、河道垃圾成堆,水草丛生,水体受垃圾、生活污水及畜禽粪便污染严重。

规划到2010年基本解决该村农村饮水安全问题,恢复河塘、渠系的灌排功能、生态功能和景观功能。已修建供水站1处,解决了该村2 200多人的饮水安全问题;整治堰塘172口,整治排洪沟3条共计5.6千米,改造末级渠道29.8千米;完成200个农户"一建三改"(即建一个沼气池,改厨房、改厕所、改猪圈)建设;植草2.56万平方米、植树5 058株。

2. 水环境整治的主要做法

● **项目整合,资金捆绑,解决投入不足问题** 宜都市统筹整合了国家"民办公助"、农户"一建三改"、农村饮水安全等项目,在不打破原有项目用途的前提下,捆绑资金四百多万元用于鸡头山村水环境整治项目。

● **实行"受益户共有制"改革,激发群众投资投劳和参与管理的积极性** 首先对小型农田水利设施进行了"受益户共有制"产权制度改革,并以合同的形式享受权益,承担相应义务。"受益户共有制"改革主要把握以下五个关键环节：一是"以水带田定四界"，二是"村务公开定农户"，三是"合同管理定权责"，四是"发放证书定权属"，五是"权责分明定投入"。

● **采取灵活的建设管理方式，确保水环境治理出实效**　首先组建一个强有力的项目建设法人。其次是结合项目和农村实际，建设管理统分结合。

3. 主要启示

● **提高认识是先决条件**　将农村水环境整治提高到贯彻落实科学发展观、构建和谐社会和建设社会主义新农村的高度来认识，使各级各部门以及广大农村群众形成共识，把农村水环境整治工作纳入各级政府重要的议事日程，使村镇政府的职能转到规划、教育、环境保护等公共服务方面。

● **项目整合是有效措施**　打破部门界限和条块分割，将所有涉水项目甚至其他相关行业项目尽可能进行整合，统筹规划，资金捆绑使用，可以将零散的资金集中起来去做成一件有相当规模和成效的事，提高资金使用率和实际效果。宜都市在鸡头山水环境整治中的大胆尝试已经证明涉水项目整合这种做法既是有效的，也是可行的。

● **群众参与是长效保证**　农民是农村水环境综合整治项目实施的主体。只有在符合农民意愿、带给农民实惠、得到农民拥护的基础上，农民才能自愿、积极地参与到水环境整治当中，农村水环境整治也才能扎实有效和可持续地向前推进。因此，必须把农民群众的根本利益作为农村水环境整治的出发点和落脚点。

4. 主要措施

● 采取多种形式，广泛深入宣传，充分发动群众，使农村水环境整治的目的意义和具体措施家喻户晓，深入人心，形成共识，避免干部热群众冷、上面热下面冷的现象出现。

● 设置专门的管理机构，对农村水环境实施常态化和规范化管理，建立行之有效的制度，使水环境保护与整治工作做到有职能、有人抓、有制度、有投入、有考核，通过政府的引导和示范，带动

和推动农民的积极参与。

● 通过创新机制，使群众切身感受到环境治理带来的好处，感受到项目实施给他们的生活带来的变化和实惠，真正体会到自己不仅是项目实施的受益者，还是项目操作和运行的主人，通过实践获得一种主人翁的感觉，自觉地意识到应该以主人翁的姿态，用自己的双手改造自己的家园，用自己的智慧管理自己的财产。

（资料来源：农村水环境整治的实践与思考——以湖北省宜都市鸡头山村为例，韩益民、屈万海，中国水利 2010（23）43-45）

无锡市惠山区首创"河长制"管理

无锡市惠山区自2007年下半年起,在全国首创对辖区内河道实施"河长制"管理,由全区各级党政领导亲自担任"河长",各镇(街道、开发区)积极履行属地责任,不断加大水生态环境整治力度,强化河道综合整治和长效管理,经过三年的努力,实现了水质的好转,但仍有92个断面达不到水质类别要求,不达标率达69%。

1. 存在问题及原因

自2001年撤市设区以来,惠山区坚持走污染集中治理和污染行业专项整治之路,近几年又逐步完成太湖治理提标改造,工业污水治理基本到位,但河道水质整体达标率仍然不高。分析河道水质达标率较低的原因,主要有以下几个方面:

● **接管率低** 集镇居民生活污水、企业生活污水的接管处理率仍然较低,特别是面积广阔的农村,生活污水管网绝大部分未铺设到位,村庄生活污水基本上只是通过简单的化粪池处理就直接排放河道,长年累月严重影响了河道水质。

● **河道流动性差** 农村河道多建有闸站,其大部分时间处于关闭状态,有的为断头浜,水体流动性差,没有清洁水源补充,从而使水质变差。

● **其他原因** 部分河道旁企业仍存在超标排放和违法排污行为;部分河道水质受到沿岸畜禽养殖污染的影响;农用化肥随地表径流流入河道,增加水体中氮、磷的浓度;部分与大河相通的河道受到外河水质的影响。

2. 主要治理措施

在河道综合治理实践中,在生活污水管网未覆盖地区,推进农村生活污水点源治理综合工程是改善农村水环境质量的切实有效的办法。如无锡职教园的南水渠村在2007年投入50多万元,对3个村民小组67户产生的生活污水进行点源治理，日处理生活污水能力达50吨，并对河道进行清淤，两岸种植水源绿化林，河湾里种植芦苇，河道内种植荷花和睡莲，提高河道自净能力。通过综合治理工程，南水渠村所在村级河道大张巷浜水质明显改善，目前水体中溶解氧、高锰酸盐指数、氨氮、总磷等污染物浓度水质类别已从2007年前的劣Ⅴ类提升到了Ⅳ类。

根据《江苏省太湖流域水环境综合治理实施方案》，"到2010年太湖一级保护区内农村生活污水处理率达到70%，到2012年太湖流域农村生活污水处理率达到40%，到2020年达到70%以上"的要求，惠山区加大了生活污水管网和管网未覆盖地区的生活污水点源

治理的力度。自 2007 年以来，在全区范围内完成边远村庄生活污水点源治理建设项目 65 个，累计投入资金 2 846 万元，涉及人口 13 234 人。惠山区除可接入污水处理厂管网的村庄外，已试点农村生活污水点源治理的村庄目前有以下几种处理方式：

● **集中收集处理**　自然村每家的生活污水通过村内管网集中到污水收集池，进入生活污水点源治理工程采用微动力、有动力，并结合 MBR 膜处理、复合生物滤池、人工湿地等治理技术处理后排放河道或部分回用于绿化和景观用水。

● **自然循环利用**　部分村庄村内地域以栽种水蜜桃桃林为主的自然村因地制宜，在村内分散式建设收集池，对洗涤、人畜粪便等污水进行收集，用于浇灌桃林及蔬菜，实现自然循环利用，以达到净化水体的目的。

● **托运至污水处理厂集中处理**　人口数量较少的自然村庄，对其生活污水进行收集，利用拖粪车集中拖运至污水处理厂统一处理，从而解决了点源治理运行管理的问题。

（资料来源：惠山：将河长制进行到底——我区 2008 年至 2010 年河长制管理工作回眸，惠山新闻 2011-3-22 http://www.huishan.gov.cn/default.php?mod=article&do=detail&tid=128823）

北京市房山区南韩继村的水环境治理

南韩继村是北京市房山区周口店镇的一个大村，共有人口 1 100 人，农田 70 公顷。其大部分产值和利税来自村办水泥厂。1996 年创办了规模养殖猪场，最高存栏达 2 000 头。由于大量粪便无处消纳，臭气熏天，还污染了地下水。从 1997 年起纳入中英合作乡村水环境治理项目，1998 年起投入正常运行使用，取得了良好效果。项目内容包括以下三个部分：对万头规模猪场粪便处理，产生沼气作为农户的燃料；对生活污水用氧化塘处理；对村电镀厂工业污水进行处理。

沼气工程是该项目的主体，采用中温发酵工艺，总投资189万元。设计日产沼气370立方米，1998年实际年产31 715立方米，日均95立方米。

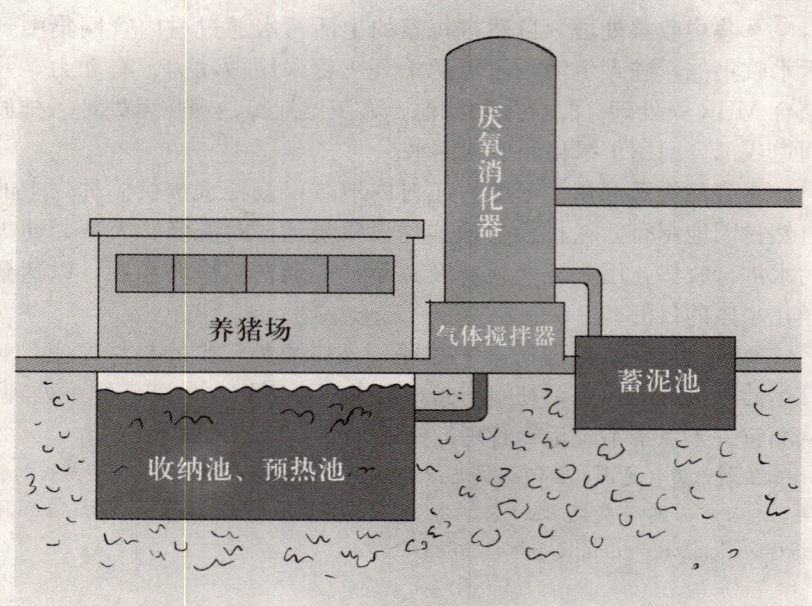

生产沼气的原料开始主要来自规模猪场，粪浆污水量约20~30吨/日。以后主要来自养殖大户，以每吨40元收购。主要处理单元包括：

● **收纳池、预热池** 收纳池将猪粪进行酸化、水解以利厌氧消化，起到调节流量的作用，可降解30%的有机质。粪浆量按70吨/日设计，要求有效容积23立方米，设计有效容积24立方米。预热池将粪浆加热到略高于消化器内的温度，设计有效容积10立方米。

● **厌氧消化器** 容积为373立方米，采用升流式厌氧污泥床技术。为排泥和管理方便，厌氧消化器采用地上结构，形状为圆柱体，直径8米，高10米，COD去除率在80%以上。

● **气体搅拌器** 英国提供的旋转式气体搅拌器，每天搅拌2次，每次10分钟。

●**蓄泥池** 设计有效容积2 215立方米,用于排放消化器内的溢流水和底渣。

全村有104户用上了沼气,以管线通到各户,配有专用灶具,售价与天然气接近,每月每户用气20～30立方米,交费30～50元,为多数用户所能接受,乐于使用这种清洁卫生又方便的炊事方式,三口之家每月燃气费降低了30元。在不考虑设备、土建工程折旧的情况下,沼气站每年沼气、沼渣、沼液的收益为24万元,工程运行费约为11万元,收益13万元。

南韩继村以沼气为主体的水环境治理工程显著减少了畜禽粪便对水源的污染,据测算每生产立方米沼气可消减2.8千克化学需氧量,替代烧煤还减少了对大气的污染,产气剩余沼渣、沼液还是良好的有机肥料,可替代部分化肥的投入。

(资料来源:提高乡村水环境质量的成功尝试——北京市房山区南韩继村水环境治理情况调查,冉连起、段伟,水利发展研究2003(1)52-53)

话题2 秸秆综合利用的典型案例

秸秆残留和焚烧对环境的污染

●随着农作物产量的提高,秸秆数量日益庞大。过去作物秸秆主要用做农户家庭燃料,现在绝大多数农户改烧煤或燃气,农村劳动力又十分紧张,不少农民为图省事,夏收或秋收之后为抢农时播种,将剩余秸秆一烧了之,造成严重的大气污染和资源浪费。

●我国农作物秸秆资源拥有量居世界首位,年产秸秆近7亿吨,其中稻草2.3亿吨,玉米秆2.2亿吨,豆类和杂粮作物秸秆1亿吨,花生和薯类藤蔓、蔬菜废物等近2亿吨。这些秸秆有42%直接或过腹还田,30%作为农用燃料,8%作工业或其他用途,20%约1.2亿吨剩余未被利用。这些剩余的农作物秸秆被废弃于田间地头、场院房头，不仅占压了大量的土地，影响了农村环境卫生，还成为农村火灾的一大隐患。大量剩余秸秆的露天焚烧不但造成极大的资源浪费，而且带来严重的大气污染，监测表明，焚烧秸秆时大气中二氧化硫、二氧化氮、可吸入颗粒物等三项污染物指标都达到峰值，分别比平时高出1～3倍，对眼、鼻和咽喉刺激很强，轻者咳嗽、胸闷、流泪，重者导致支气管炎，危害人体健康。

● 焚烧秸秆严重影响飞机的正常起降和汽车行驶的安全，并频繁引发火灾事故。每年"三夏"和"三秋"双抢季节，全国各地由此而引发的火灾、机场停运、飞机迫降、航班延误及旅客滞留、高速公路交通受阻等事故，以及由此造成重大的经济损失频频见于报

端。虽然中央有关部门和各级政府三令五申禁烧秸秆，并出台了焚烧秸秆、鼓励利用秸秆的一系列政策，但由于秸秆利用的有效出路不畅，焚烧现象屡禁不止，导致上述事故有增无减。特别是在小麦、玉米收获两季，田野仍然是狼烟四起，浓烟滚滚，地空能见度降低，空气质量恶化。

> **案例** 2011年5月中旬，成都郊区农村小麦收获期间连续3天发生多处焚烧小麦秸秆，浓烟四起，成都市区能见度不足50米，连房间内都充满了呛鼻的味道，一些上夜班的市民不得不采取措施，捂紧口鼻。

● 搞好农作物秸秆的综合利用，可使全国约计1.2亿吨剩余秸秆得以有效利用，变废为宝、化害为利，具有重大的现实意义和战略意义。仅湖北省荆州市的估算，每年产秸秆8.76亿千克，每年焚烧的资源浪费经济损失达2亿元。

● 秸秆还田虽然可以增加土壤有机质含量，但高产田的大量秸秆还田时如不能充分粉碎，还田后又没有及时镇压，将破坏土壤结构，并导致土壤碳氮比失调，在短期内不利于下茬作物的播种和苗期生长。2008—2009年冬黄淮地区和2010—2011年冬华北的小麦干旱与冻害，发生死苗的麦田大多与秸秆还田数量太大和粉碎不充分，严重阻碍麦苗根系下扎有关。残留的碎秸秆在冬春随风乱刮，对农村环境景观的危害也很大。

如何搞好秸秆的综合利用，尽快杜绝剩余秸秆焚烧已成为政府重视、新闻媒体关注、广大群众呼声强烈的一项亟待解决的问题。

秸秆利用的几种方式

秸秆通过综合利用作为肥料施入农田，是补充和平衡土壤养分、改良土壤的有效方法，对于提高资源利用率、节本增效、提高耕地基础地力和农业的可持续发展具有重要意义。为解决秸秆焚烧问题，促进秸秆综合利用及产业化，科技部在河北、河南、山东、四川、陕西等5个省实施了"农作物秸秆综合利用示范工程"以促进农村资源合理利用和经济社会的可持续发展。

农作物秸秆目前主要有四种利用途径（简称四料）：饲料，喂家畜；肥料，施于田；燃料，直接用于燃烧或经气化、沼化集中供燃；原料，用于制作工业纸浆、新型建材板等。主要的综合利用方式及发展状况如下：

1. 秸秆养畜，过腹还田

秸秆经过青贮、氨化、微贮处理，饲喂畜禽，通过发展畜牧业增值增收并实现过腹还田。自1992年国家开始实施秸秆养畜示范基地建设以来，秸秆养畜过腹还田工作取得了可喜成绩。全国秸秆养畜示范县大部分集中在中原、东北、华南地区。目前在技术上，秸秆青贮、氨化及微贮技术都比较成熟，需进一步研究的是进一步优化饲料配制和秸秆饲用率高的农作物品种选育。充分利用秸秆养畜、过腹还田，实行农牧结合，形成节粮型畜牧业结构，是一条符合我国国情的畜牧业发展道路。推广秸秆养畜、过腹还田项目可以较大幅度增加牛、羊肉产量，丰富菜篮子，不仅可以改善人民群众的膳食结构，还可以节约饲料用粮，缓解粮食供需矛盾，是一种效益很高的利用方式。

2. 秸秆作为有机肥还田利用

农作物秸秆中含有大量有机质、氮、磷、钾和微量元素，据分析，每100千克鲜秸秆含氮0.48千克，磷0.38千克，钾1.67千克，相当于2.4千克氮肥，3.8千克磷肥，3.4千克钾肥。秸秆作为有机肥料还田是目前最普遍的利用方式，有秸秆堆沤还田、机械化秸秆还田和利用生化快速腐熟技术制造优质有机肥施于田三种方法。

● **秸秆堆沤还田** 也称高温堆肥，是一种传统积肥方式，利用夏秋季高温季节把秸秆堆积起来，采用厌氧发酵沤制。特点是时间长，受环境影响大，劳动强度高，产出量少，但成本低廉。现在已有多种微生物制剂能够快速堆沤秸秆，缩短沤制时间，有的还可以直接在大田里施用，方便快捷。虽然目前农村只少量采用，但不久技术成熟后将有望大规模应用。

● **机械化秸秆还田** 小麦秸秆和玉米秸秆经机械粉碎直接还田，每亩还田量350～500千克。这是近年来农业及农机部门大力推广的项目，采用联合收割机或大马力拖拉机配带的秸秆还田机直接将作物秸秆粉碎，再用深耕犁翻埋到土壤深处，特点是作业机械化程度高，秸秆处理时间短，腐烂时间长，是用机械对秸秆简单处理的方法。但由于碎秸秆在土壤里不能很快腐烂，影响犁耕和旋耕作业，特别是不利于小麦播种，推广效果不佳。近年来农民多使用秸秆还田机将秸秆粉碎之后再付之一炬一烧了之，既达不到秸秆还田的目的，又增加了农业成本，还污染了环境。有的地区实行秸秆部分收获利用，部分粉碎还田，并结合深翻和镇压，取得了较好效果。

● **利用生化快速腐熟技术制造优质有机肥施于田** 这是20世纪90年代的国际先进生物技术，使用现代化设备和手段控制生产过程，将秸秆制造成优质生物有机肥，在国外已实现产业化。应用高新技术进行菌种的培养和生产，用现代化设备控制温度、湿度、数量、质量和时间，经机械翻抛、高温堆腐、生物发酵等过程，将农作物秸秆等农业废弃物转换成优质有机肥。具有自动化程度高（生产设备1人即可操作），腐熟周期短（4～6周时间），产量高（一台设备可年产肥料2万～3万吨），无环境污染（采用好氧发酵，无恶臭气味），科学配比肥效高等其他方法无可比拟的优点，是当前利用高新技术，大规模高效率生产有机肥料的最佳途径。

3. 用于农村能源建设

目前主要有两种秸秆转化为燃气的方法：一是秸秆气化，即通过作物秸秆缺氧燃烧，产出以一氧化碳为主要成分的可燃气体；二是秸秆厌氧发酵产出沼气，即通过作物秸秆适配人畜粪在厌氧条件下发酵产生出含甲烷为主要成分的可燃气体。这些气体在稍高于常压的状态下通过PVC管道送往农户，使用方法类似于城市的管道煤气或天然气。以沼气、生物质能为重点的农村可再生能源建设缓解

了农村能源的供应短缺,改变了农村传统的生火做饭的模式,满足了农民对高品位能源的需求,提高了生活质量,同时消耗掉了大量的农作物秸秆,是一种可实现秸秆处理规模化的方式。

4. 秸秆种菇基质及其他工业原料

秸秆种菇既可以丰富城市居民的菜篮子,又能够引导农民致富,出口创汇,促进生态农业、高效农业和创汇农业的发展,是处理秸秆一举多得的好办法。

 **秸秆综合利用的案例**

秸秆有效利用已受到人们的普遍重视，但上述方式仍没有充分体现秸秆的利用价值。搞好秸秆的综合利用，多种可行的利用模式相配合，建设节约型循环农业，对于缓解我国资源短缺和保护农业生态环境具有重要意义。

1. 江苏省镇江市丹徒区农业废物综合利用生态模式

丹徒区是江南闻名的鱼米之乡，拥有耕地54.29万亩，适宜稻、麦、棉花、蔬菜生长，区内有大片草山草坡可发展牧业。按草谷比1.13计，水稻秸秆产量约为35.6万吨，其中造肥还田及收集损失约15%，可利用秸秆资源为30.3万吨。秸秆畜禽养殖—沼气能源生态系统建有年存栏1 000头牛的规模养殖场，以糖化后的秸秆为奶牛场青粗饲料源。按每头奶牛需青粗饲料量20千克/日计算，全年需消耗秸秆7 300吨。

（资料来源：秸秆的综合利用及案例分析，杜逾舸、李永胜、王亮等，节能与环保2008（4）27-30）

2. 山东省秸秆综合开发利用技术

济南市历城区在北部平原积极推广了以下四项技术：①秸秆气化。可消耗秸秆6 000吨，使9个村2 000余户村民用上干净卫生的秸秆燃气。②秸秆气电联供。按全年发电7 200小时计，可消化秸秆量2 160吨。③秸秆青贮氨化。通过进行秸秆青贮氨化，全区年可消化近55 675亩作物秸秆。④秸秆机械化还田。既能培肥地力，又可大量消化秸秆。

● 威海市除将秸秆直接还田外，还采取了堆沤还田、果园覆盖、氨化等方式，用秸秆来喂养牲畜和增加土壤有机质。全市农户沼气增加到3万多户。

● 兖州市研究秸秆制碳、气化、发电一体化技术取得突破，近期可在全国推广。

- 邹城市、齐河县、定陶县、莘县实施秸秆种菇开发工程年可产菇3茬。
- 济南鲁青种苗研究所拥有多项瓜菜育苗专利,他们将作物秸秆、畜禽粪便等转化为高效环保的蔬菜育苗和无土栽培的基质和生物有机肥。
- 为建立秸秆利用的长效机制,山东省农科院土肥所建议政府在每一个乡镇投资建立一个饲料公司,农民送秸秆,公司还颗粒状饲料,不收加工费。这样做农民运输方便,节省了买化肥的开支;政府投资很少,便于操作,避免了年复一年的无效劳动。
- 山东省泰安秸秆厌氧产沼工程。北京化工大学在山东省泰安市建立了以作物秸秆为主原料的大规模厌氧消化装置。共建有9个反应器,总反应体积450立方米,年消耗玉米秸秆288吨、牛粪360吨,其中玉米秸秆使用量占干物质总量60%以上。年产沼气69 120立方米,可为全村180户农户提供生活用能,同时还可生产104吨有机肥料。对难生物降解的玉米秸秆进行化学预处理,明显提高了玉米秸秆的可厌氧消化性,并利用太阳能加热反应器,提高消化温度和效率,使得反应器在春、秋季可实现中温消化,在夏季可实现高温消化。与一般厌氧消化系统相比,消化效率和产气量可提高1倍以上。

(资料来源:山东沼气和秸秆气化综合开发利用采访记,2003-11-29农民日报于洪光)

话题3 农膜回收利用的典型案例

我国农膜年使用量超过100万吨,残留量高达40万吨,残膜率在40%以上,受到严重污染的耕地面积估计达到670万公顷,许多地方的农户将使用后的农膜就地丢弃或作为生活垃圾。使得残留的农膜在相当长的时期内不能降解,其中聚氯乙烯薄膜在土壤中需要300~400年才能完全降解。残留的农膜会严重破坏土壤结构,阻碍植物根系的生长和对水分养分的吸收,可使农作物减产20%~30%,

在降解过程中还会产生多种有害物质,可污染农产品和危害人体健康。在许多农村,残存农膜碎片被风吹得满天飞舞,挂满枝头,严重影响村容景观和村民健康。

国内外农膜回收处理现状

废旧农膜回收是世界各国面临的一个难题。国外地膜一般厚 0.02～0.05 毫米,抗拉强度较大,可连续使用 2～3 年,主要采取半

75

机械化或全机械化残膜收卷式回收方式在农作物收获后进行，其中半机械化方式只在田间挑起地膜，然后需用大量人工捡拾残膜，但机具结构简单，制造成本低，工作幅宽易于调整，目前应用比较广泛。除机械化回收外，发达国家一方面推广使用高强度、耐老化地膜以便于回收，另一方面积极研发可降解地膜，残膜经一定时间可形成无害物质溶入土壤。废旧农膜的处理，许多国家使用填埋法，但因地膜质量轻又不易腐烂，导致填埋地日益减少，环境污染严重。焚烧法近年来常用，可利用燃烧的热能发电，但释放出的有害气体会带来二次污染。回收再利用法是通过分解废旧农膜产出乙烯或提炼石油制品，或将废旧农膜经再生处理制成塑料制品。

我国北方农业生产上大量使用地膜，特别是蔬菜生产与旱作农业的用量不断增加。地膜厚度只有0.006~0.008毫米，远低于国外的0.02毫米，虽然降低了生产成本，但同时也降低了抗拉强度，不利于机械化回收。目前各地废旧地膜以人工捡拾为主，机械化回收率不到15%。人工捡拾的作业效率很低，每公顷需8个工，而且回收很不彻底。虽然各地研制了一些回收机具，但因地形、气候与种植方式不同，废旧农膜机械化回收机具的地域适用性差。收集的废旧地膜大多就地堆积或与杂草或秸秆一起在地头焚烧，不仅再次污染环境，而且造成极大的资源浪费。近年来部分农村开始建立回收点，利用废旧地膜加工成再生塑料制品。

甘肃废旧农膜回收利用工作

甘肃是我国农膜使用量、残留率和残留量最大的省份，估计全省每年消耗10万吨，覆盖农田1 800万亩，占作物播种面积30%。其中，近年来大力推广的全膜双垄沟播栽培技术已推广1 000万亩。虽然提高了粮食产量，但地膜残留白色污染日益严重，估计残留总量达8万吨，已成为甘肃省农业可持续发展的严重制约。为此，甘肃省政府在2009年批转了农牧厅《关于加强废旧农膜回收利用推进农业面源污染治理工作的意见》,要求大力加强废旧农膜回收和再生利用,扶持废旧农膜回收加工企业,禁止使用厚度小于0.008毫米的超薄地膜。同时要引导农民科学使用农膜,推广一膜两用、适时揭膜、机械拾膜等技术,加快建立废旧农膜回收利用体系,扶持一批废旧农膜回收加工企业,在乡镇建立废旧农膜回收站点,结合地膜补贴开展"交旧领新"或"以旧换新"工作;结合新农村建设,建立乡村物业管理站,建设田间垃圾收集设施,对农村垃圾(废旧农膜、塑料制品、农资包装瓶袋等)进行定点堆放、定期处理。省财政厅设立废旧农膜污染防治专项资金,重点支持可降解农膜和废旧农膜回收再利用的技术研发、技术推广、试点示范、宣传培训以及开展以旧换新、以奖代补、对废旧农膜回收加工利用企业进行贷款贴息等。通过2~3年的努力,在全省地膜覆盖面积大、地膜污染较重的地区,扶持建立一批废旧农膜回收利用加工企业,使废旧农膜污染得到基本控制。力争到2015年,全省废旧农膜回收利用率达到80%以上。

(资料来源:甘肃省人民政府办公厅批转省农牧厅关于加强废旧农膜回收利用推进农业面源污染治理工作意见的通知,甘政办发〔2009〕117号 2009-7-31)

庆阳市废旧农膜回收利用体系建设经验

甘肃省庆阳市坚持把废旧农膜回收利用作为推进节能减排、发展循环经济、促进生态文明建设的重要内容。截止到2010年已扶持建办废旧农膜回收加工企业12家,建成废旧农膜回收站47个、乡村物业管理站165个、废旧农膜回收农民专业合作社22个,组织回收废旧农膜8 200吨,占残留农膜总量1.42万吨的58%;加工利用废旧农膜6 700吨,占回收量的82%。主要做法是:

● **立足市情,科学决策,确立废旧农膜回收利用新思路** 庆阳市是典型的旱作农业区,为科学有效应对干旱,大力推广了全膜双垄沟播技术,2010年推广216.25万亩,设施瓜菜种植面积达7万亩。为有效防治农田"白色污染",市委、市政府坚持把废旧农膜回收利用纳入循环经济发展总体规划,制定出台了相关规划和政策,按照"减量化、资源化、再利用"的循环经济理念,确立了"政府倡导、企业带动、网点回收、群众参与"的废旧农膜回收利用思路,安排部署在全市组织实施废旧农膜回收利用工程。各市(县、区)围绕规划目标制订年度计划,分解落实任务,完善扶持政策,细化工作措施。

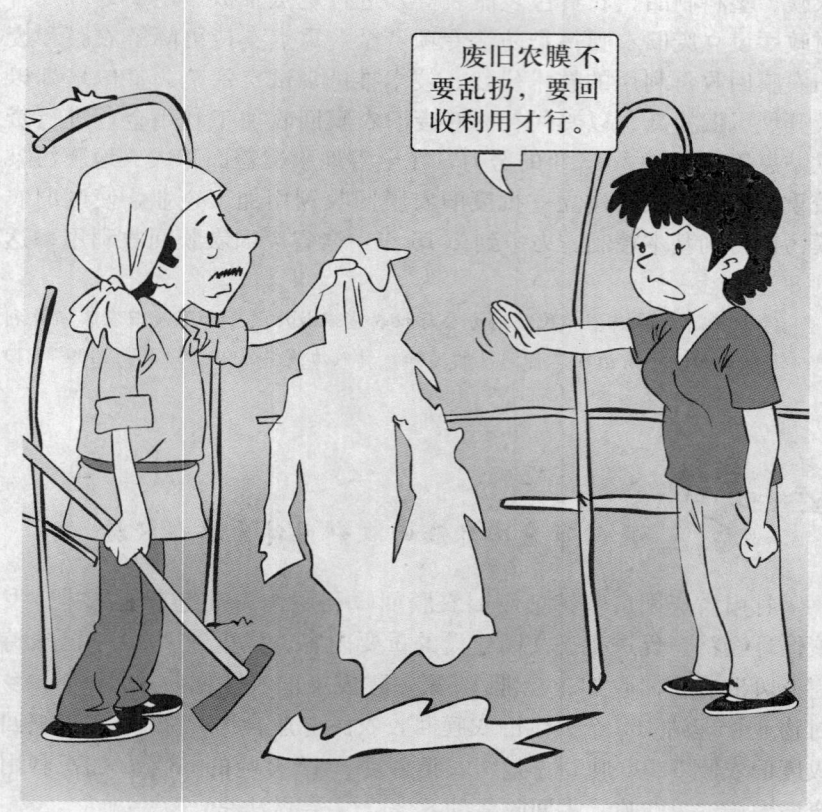

● **广泛宣传,强化培训,形成废旧农膜回收利用新共识** 采取多种形式大力宣传废旧农膜污染危害性及回收再利用的重大意义,及时报道工程实施中的先进典型。积极推广一膜两年用、适时揭膜、

机械捡膜等实用技术，禁止使用超薄地膜，教育引导广大农民科学使用农膜，防治和减少农膜残留，降低废旧农膜捡拾难度。在全社会形成走资源节约、循环利用、环境友好、生态文明发展道路的共识。

● **统筹规划，合理布局，建立废旧农膜回收利用新体系** 把建立网络、完善体系作为加强废旧农膜回收利用、推进农业面源污染治理的基础和平台，初步建立了以企业为龙头、农户参与、县乡政府监管、市场化推进的废旧农膜回收利用体系。已兴办规模较大的废旧农膜回收加工企业12家，设计总回收加工能力1.5万吨。充分利用供销系统现有再生资源回收网络，结合新农村建设试点和农村清洁工程项目建设，根据运输距离、交通条件和废旧农膜产生量，按照辐射面广、方便交售的原则，统一规划建设废旧农膜回收站。抓好乡村物业管理站建设，配套建设田间垃圾收集设施，对废旧农膜、塑料制品、农资包装瓶袋等农村垃圾进行定点堆放，定期处理。抓好农民专业合作社建设。坚持"民办、民管、民受益"的原则，鼓励引导有能力的组织和个人组建废旧农膜回收利用专业合作社。

● **政策引导，资金扶持，探索废旧农膜回收利用新模式** 坚持个体投入为主、政府扶持为辅，探索出龙头企业加工利用、回收网点积极收集、广大农户捡拾交售回收利用模式。

● **加强领导，明确责任，健全废旧农膜回收利用新机制** 市、县两级均成立了领导小组，形成政府推动、部门联动、政策调动、层层发动的合力。出台了扶持奖励办法，重点支持试点示范、技术推广、宣传培训和开展以旧换新、以奖代补、贷款贴息等。把废旧农膜回收利用纳入对县区目标管理考核，为全市废旧农膜回收利用工程顺利实施提供了有力的组织保证。

（资料来源：甘肃省庆阳市镇原县废旧农膜回收工作成效显著，中国回收商网 2010-3-18 http://www.huishoushang.com/News/html/20103/18/113155834.html）

新疆农五师八十九团合理利用废旧农膜创收

　　新疆生产建设兵团农五师八十九团种植棉花大面积采用地膜覆盖,按9万亩棉田平均每亩使用农用地膜3.5千克计算,每年产生废旧地膜300多万千克。过去由于无人收购加工,回收残膜只好焚烧或掩埋,严重污染空气和耕地。棉农李建民看准商机,自筹资金26万元,办起了废旧地膜回收加工再生塑料颗粒工厂,日加工颗粒状塑料半成品1吨多,日产值近万元。在他的带动下,该团棉农先

后建起7个废旧地膜回收加工再生塑料颗粒工厂。过去无人问津的废旧地膜一下成了争相抢购的香饽饽。棉农通过机械或人工等捡拾棉田废旧地膜,销售给加工厂,每亩可得到5元废旧地膜款,还使棉田废旧地膜拾净率高达95%,为农作物的生长提供了适宜的生长环境,使棉农的经济收入有了保障。目前该团棉农兴建的七个废旧地膜回收加工再生塑料颗粒厂已形成年处理10万亩棉田废旧地膜的能力,加工厂业主的年收入在10万元左右,成了当地的富裕户。

（资料来源：新疆农五师八十九团合理利用废旧农膜创收,中国再生塑料网2009-7-30,http://www.zssl.net/info/art_2985.html）

话题4 畜禽粪便无害化与再利用典型案例

畜禽粪便无害化资源化处理的意义

新中国成立以来,畜牧业生产获得了巨大发展,肉蛋等畜产品产量已跃居世界第一,人均占有量也超过了世界平均水平。但畜禽粪便的大量排放对环境也造成了严重的污染。据测算,2003年全国畜禽粪便排放总量为31.9亿吨,远超过工业固体废弃物总量10亿吨。全国耕地畜禽粪便的平均负荷为24吨/公顷,以北京最高达49吨,有7个省市区超过了30吨的畜禽粪便还田限量值。目前,畜禽粪便排放在许多地区已成为环境面源污染的重要污染物来源。如根据南京市环保部门对太湖流域的研究,畜禽粪便流入水体的COD、氮和磷分别占总污染负荷的7.13%、16.67%和10.1%。随着人民生活水平的不断提高,对畜产品的需求量会继续增大,估计目前我国畜牧业生产的规模和畜禽粪便排放总量要比2003年至少增加10%以上。

畜禽粪便中含有丰富的养分,是十分宝贵的资源。估计全国畜禽粪便中含总氮1 394.6万吨,总磷378.5万吨。畜禽粪便资源化,

不仅可以遏制畜禽粪便随意排放产生的环境污染，而且可以替代化肥投入，有利于种植业的增产。长期单纯使用化肥，会造成土壤板结、理化性质下降，土壤中微生物数量减少，土壤肥力及农产品质量下降，而且未被农作物吸收的化肥会破坏农村生态环境。畜禽粪便经无害化、资源化处理制成的有机肥，不仅可以改善土壤性质，而且可以减少化肥用量，增加作物产量，降低生产成本，还能改善瓜果、蔬菜及特种园林经济作物的品质。目前许多地方已在畜禽粪便无害化处理资源化利用方面取得显著成效。

畜禽养殖业污染的防控对策

● **控制畜牧业发展规模和速度** 大城市的畜产品供应渠道应多元化，不能超出环境容量强求依靠本市郊区扩大养殖规模来实现完全自给。

> 你们场的污染物超标排放了。

大发养猪场

处罚

● **合理布局，控制饲养密度** 严禁在城市的集中水源地、人口密集区和环境敏感地区建设规模养殖场，在农区建设规模养殖场也不可过于集中，养殖数量应与周围能够消纳畜禽粪便的农田面积相匹配。

● **设置隔离带** 大型养殖场的隔离带应建在1 000米外，小型养殖场应在300～500米外。

● **严格执行"三同时"制度** 规模养殖场应与环境保护设施同步设计、同时建设施工和同时投入使用。我国各地20世纪七八十年代大量建设规模养殖场时，绝大多数没有办理环保审批手续，也没有环境保护措施，进口成套养殖设施时没有进口粪便处理设施，导致畜禽粪便污染问题积重难返，应引以为戒。

● **实施种养业有机结合的生态工程** 种植业和养殖业都是农业生态系统中不可缺少和相辅相成的两大子系统，我国几千年来的传统农业将畜禽粪便作为有机肥还田，保持了土壤肥力和生态平衡。近30年来兴建的大量规模养殖场与种植业割裂发展，是造成畜禽粪便污染日趋严重的根本原因。必须综合运用生物技术与工程技术使畜禽粪便无害化和资源化，实现种植业与养殖业相互协调和支持的良性循环。

● **加强农业环境监测和执法** 加强农业环境监测，特别是要对畜禽粪便污染严重的地区严密监视，对污染物超标任意排放的企业要分别情况给予警告、限期改正、处罚乃至停业整顿等处分。通过加强宣传和执法，提高全社会自觉保护农业环境的意识。

畜禽粪便资源化再利用的主要途径

● **用做肥料** 畜禽粪便经发酵后就地还田作为有机肥是减轻其环境污染和充分利用养分资源的最经济有效的办法，也是许多发达国家畜禽粪便资源化再利用的主要途径。欧洲国家大多对养殖场废弃物施用于农田的时间和数量有明确的规定。随着集约化养殖的发展，畜禽粪便的数量日益增大且不断集中，有些地区兴建了一批利用畜禽粪便制作有机肥的加工厂，解决了未加工畜禽粪便作有机肥不便运输、储存和堆放的难题，不但消除了污染，而且有显著的经济效益。

● **用做饲料**　畜禽粪便中含有丰富的养分，但也存在不少有害物质。其中鸡粪中含非蛋白氮占干重的47%～64%，能够被牛羊等反刍动物吸收利用，但不能被猪鸡等单胃动物所吸收。畜禽粪便经烘干、发酵、青贮等处理后，消除其中的有害物质后可替代一部分饲料。

● **用做燃料**　将畜禽粪便与秸秆一起进行发酵生产沼气是畜禽粪便利用最有效的方法，不仅提供了清洁能源，而且沼液和沼渣还可以用做肥料，沼渣还可用做养鱼的饵料。沼液还有增加酶的活性，减轻作物病害的作用。畜禽粪便厌氧发酵能杀灭寄生虫卵和许多病菌，减轻了土壤与水的污染。

浙江发展高效生态养殖控制畜禽粪便污染

浙江省在2001—2005年畜牧业产值年均增幅10%左右，从事畜禽养殖业的劳动力超过77万人。全省将畜禽规模化养殖场排泄物治理作为建设环境友好型畜牧业的突破口，按照"减量化、无害化、资源化"和"多种形式、一场一策、确保效果"的治理原则，全面推广过程控制与末端治理相结合的清洁生产技术及农牧结合生态型治理模式。到2007年已投入资金1.8亿元以上，对年存栏生猪1 000头、奶牛100头以上的规模养殖场进行排泄物治理，取得了明显的社会效益和经济效益。2006—2010年，浙江省又建设了1 000个畜牧业生态小区，对年存栏猪300头以上或存栏牛30头以上的牧场全部进行治理，同时要求今后新办的牧场必须做到建设、运行、污染治理"三同时"。

● 嘉兴市南湖区是浙江省生猪养殖重要基地，新丰镇的66条河道曾全部被猪粪填满。2006年竹林村建起了全镇第一个畜粪收集处理中心，占地6亩，村里的养殖户按要求建设了与饲养规模相配套的干粪堆积池,对畜禽粪便实行干湿分离。畜粪收集处理中心定期派人上门收集并运往堆粪槽,加入发酵菌、木屑或秸秆粉等混合堆积发酵,经15~20天除湿除臭制成干燥的有机肥初级产品,由镇里的生物有机肥产销合作社统一销售。到2007年,这样的畜粪收集处理中心在南湖区已建立25个。据测算,2007年全区生猪日排放猪粪1 200吨,农户自行还田约占20%,进入沼气工程处理约15%,25个畜粪收集处理中心日可处理新鲜猪粪800~1 000吨,通过这三种途径,全区畜粪收集处理和利用率达到了100%。河道疏通了,村庄也变整洁了。

● 天蓬畜业有限公司是浙江省省级农业龙头企业。为了解决猪粪污染问题,公司建起了大型沼气池和万吨高效复合有机肥料厂,将猪粪加入生物菌种经发酵处理后生产高效无公害有机肥,猪尿及污水厌氧发酵,处理后的水用做青饲料及其他农作物的灌溉,沼气则用来发电,走上了生态环保之路。

● 江山市淤头镇新建村破塘山养猪小区是2006年政府统一规划建设的,有14户生猪养殖户,常年存栏3 900头。2007年被选为农业部标准化畜禽养殖小区粪污处理试点项目区,总投资150万元,采用"三改两分再利用"的治理技术,对小区内养殖场产生的排泄物进行无害化处理,即"改水冲清粪为干式清粪,改无限用水为控制用水,改明沟排污为暗道排污,固液分离、雨污分流,粪污无害化处理后农田果园再利用;采用高效厌氧的污水处理模式,并采用人工湿地的污水过滤模式;干粪就近运到天蓬公司合作生产有机肥。

(资料来源:浙江发展高效生态养殖　减量化无害化资源化,www.cqagri.gov.cn,2006-12-18 农民日报)

青岛畜牧科技示范园畜禽粪便资源再利用的成效

青岛畜牧科技示范园内养殖企业相对集中,粪便污水排放量大,对园区环境具有很大的威胁。园区企业大力推行沼气发酵技术,建设小型沼气池 600 立方米，大型沼气池 1 000 立方米，畜禽粪便无害化处理池 690 立方米，污水净化沉淀池 750 立方米，实现了畜禽粪便资源的循环再利用。利用沼气发酵工艺处理粪便和废水，经厌氧发酵产生沼气，用于食堂、取暖、照明等；沼渣直接晾晒制成有机肥，作为大棚蔬菜的底肥；沼液直接喷施并具有防治多种病虫害的效果，促进了园区周边农村绿色种植业的发展。他们还与青岛远翔生物科技有限公司合资建设生物有机肥料加工厂，利用生物菌种发酵畜禽粪便、生活垃圾、作物秸秆及蔬菜加工下脚料等，年产生物有机肥料 4 万吨，取得环境效益和经济效益的双赢。沼气工程每年节约电 8 000 千瓦·时，节约燃煤 480 吨。整个工程年处理畜禽粪便 2.6 万吨，全园畜禽粪便综合利用率达到 85%，废水无害化处理率达到 100%，废水再利用率达到 100%，生活垃圾无害化处理率达到 100%。

（资料来源：青岛畜牧科技示范园管委会积极推进畜牧业循环经济建设步伐，中国畜牧网，2011-7-29，http://www.chinafarming.com）

武汉市新洲区研制成利用畜禽粪便制成有机肥的新设备

武汉市新洲区饲养了 800 万只蛋鸡，年产鸡粪近 30 万吨，加上猪粪、牛粪等，年产生畜禽粪便总量超过 50 万吨。2008 年，市农机部门成功研制出将畜禽粪便制成有机肥的成套设备并安装调试成功，包括桥架轨道自走式有机废弃物好氧发酵翻堆机、移动铲车、粉碎机、制粒机和分级筛等，年处理和生产有机肥能力超过 1 万吨。该套设备设计合理，工艺先进，利用部分有益微生物促使畜禽粪便等有机废弃物快速腐蚀，采用独特的池式连续好氧发酵技术使畜禽粪便快速腐蚀、去水、灭菌、除臭，达到无害化。其自动化、智能化程度高，设备纵向行走和横向翻堆全自动控制，无须人员值守，能将最底层的物料翻到最上层，翻堆均匀。

（资料来源：武汉市新洲区研制成利用畜禽类粪便制成有机肥的新设备，中国农业机械化信息网 2011. 107，http://www.amic.agri.gov.cn/nxtwebframework/detail.jsp?articleId=48890)

话题5 生物防治减少农药残留污染典型案例

生物防治的意义

生物防治是利用有益生物及其代谢产物防治植物病害、虫害与杂草等有害生物的方法。长期以来由于完全依赖施用化学农药防治植物病虫害，不但对农产品和环境造成了严重污染，人畜中毒事件也屡有发生，而且使有害生物产生了抗药性，农药越用越多，防治效果反而越来越差，环境污染日益严重，形成了恶性循环，因此，寻找可持续的有害生物防治途径势在必行。

> 自然界中的任何生物都有其天敌存在。生物防治就是要创造一个有利于农作物及有害生物天敌生存和繁衍的环境条件，最大限度地遏制有害生物的生长发育和繁殖。对人畜危害小，对环境污染轻，相对于化学农药，对病虫草害的控制效果更加持久且成本较低，是今后植物保护的发展方向。

中国古代的生物防治

自古以来，我国农民积累了不少生物防治的经验。

● **以虫治虫** 古书《南方草木状》记载，南方经常有人手提一种口袋上街叫卖，用席子做成，口袋中放有许多树枝树叶，上挂虫茧，里面裹着一种赤黄色虫蚁，比普通蚂蚁大一些。买这种虫蚁就是为了防治柑橘害虫。

● **养鸭治虫**　明代陈经纶在《治蝗笔记》中详细记载发明养鸭治虫的经过。陈经纶曾从菲律宾的吕宋岛把甘薯引种到福建试种并成功推广。有一年，陈经纶在教人种甘薯时看到天边飞来一群蝗虫把薯叶全吃光了，一会儿又飞来了几十只鹭鸟把蝗虫吃掉了。他从中受到启发，认为鸭和鹭的食性差不多，于是便养了几只鸭子，发现鸭子吃起蝗虫来比鹭鸟既多又快，于是号召当地老百姓大量养鸭。每当春夏之间便将鸭子赶到田地里去吃蝗虫，这种方法后来成为江南治蝗的重要办法。明清时期养鸭还用来防治稻田的蟛蜞。

● **耕作除草治虫**　《吕氏春秋·任地》指出，精耕可以起到除草和消灭害虫的作用，要采取严禁捕蛙等措施。宋代以后对于除草与防虫关系的研究进一步认识到保护青蛙在害虫防治中的重要作用。《陈旉农书》明确提到桑田除草的目的之一是防虫。明末《沈氏农书》更进一步认识到杂草是害虫越冬和生息的场所，强调了冬季铲除草根的除虫作用。明清时期的《农政全书》指出，种棉两年，翻稻一年，则虫螟不生，并指出除豌豆外，超过三年不轮种则生虫害。

● **种植和培育抗虫作物**　《吕氏春秋·任地》指出得时的麻不怕蝗害，得时的大豆和麦不生虫。南宋董煟《救荒活民书》引北宋吴遵路的经验，根据蝗虫不食豆苗的特性，提倡广种豌豆以避免蝗害。许多治蝗专书都有类似记载，并指出除豌豆外，则虫螟不生，还有绿豆、豇豆、芝麻、薯蓣，以及桑、菱等十多种蝗虫不食的作物。

生物防治的主要方式

生物防治包括多种技术途径。

1. 利用天敌防治

● **利用微生物防治害虫**　即利用真菌、细菌、病毒和能分泌抗生物质的抗生菌，如应用白僵菌防治马尾松毛虫，使用苏云金杆菌各种变种制剂防治多种林业害虫，使用病毒粗提液防治蜀柏毒蛾、松毛虫、泡桐大袋蛾等，利用放线菌制剂5406防治苗木立枯病，利用微孢子虫防治舞毒蛾等的幼虫，利用昆虫病原线虫泰山Ⅰ号防治天牛等。通常将这些微生物制成生物农药，已在农林牧业生产上广泛使用。

● **利用寄生性天敌防治** 主要有寄生蜂和寄生蝇，常见的有赤眼蜂、寄生蝇防治松毛虫等多种害虫，肿腿蜂防治天牛，花角蚜小蜂防治松突圆蚧等。这些天敌本身吸食害虫的体液，或以其卵产于害虫体内孵化后的幼虫蛀蚀害虫的身体，直至害虫最后死亡。通常要根据对害虫生长发育的观测，在虫害发生的关键期前将冷藏储存的寄生性天敌卵适时孵化和释放，以达到最佳的防治效果。

● **利用捕食性天敌防治** 主要是食虫、食鼠的脊椎动物和捕食性节肢动物。其中山雀、灰喜鹊、啄木鸟等可捕食害虫的不同虫态。黄鼬、猫头鹰、蛇等能捕食鼠类，瓢虫、螳螂、蚂蚁、蜘蛛和螨类能捕食害虫。如一头蜘蛛平均每日可捕食稻飞虱3～23头，甚至多达39头；一对大山雀一年能消灭果林害虫10 500～157 504只；一只青蛙每天能吃70～90头叶蝉和飞虱。

2. 利用作物自身的抗性

选育对有害生物具有抗性的作物品种。如选育抗晚疫病的马铃薯品种、抗花叶病的甘蔗品种、抗镰刀菌枯萎病的亚麻品种、抗麦秆蝇和抗锈病的小麦品种、抗虫棉等。不同品种的抗性表现形式不同：

● 有些品种的抗性表现为忍耐性，受到有害生物侵袭时仍能保持正常生长发育和产量。

● 有些品种表现为抗生性，即作物能对有害生物的生长发育或生理机能产生影响，抑制其生活力和发育速度，或使雌性成虫生殖能力减退，如抗虫棉含有作用于害虫诞生物毒素，但这种毒素对人畜无害；有些作物的根系能分泌抗性物质以抑制病菌或害虫；有些抗虫玉米品种由于苞叶紧密，使得黏虫无法钻进雌穗蛀蚀危害。

● 有些品种表现为无嗜爱性，即作物对有害生物不具有吸引能力,如有些作物体内含单宁使得害虫不喜食。有些植物,如蒿类能挥发出特殊的气味以抑制害虫的入侵,有些植物在受到害虫侵袭时还能散发某种香味来吸引害虫的天敌,如茶树叶子被大量茶尺蠖咬伤后,不到2小时就会飞来茶尺蠖的天敌单白绵绒茧蜂。

3. 耕作栽培防治法

耕作是防治作物病虫草害的有效措施,主要是通过一系列的耕作栽培措施,创造一个有利于作物生长发育而不利于有害生物的环境条件。

苗期中耕既除草又可抑制地下害虫。

● 播前翻耕使地下害虫或虫卵暴露,经机械作用或风吹日晒或深埋土中而致死,苗期中耕既除草又可抑制地下害虫。

- 小麦浇返青水可抑制金针虫的危害。
- 合理轮作倒茬既有利于作物的健康生长，提高抗病虫能力，又可以恶化某些病虫害的生态环境，达到控制病虫的目的。如水旱轮作可以显著减少土传病害和地下害虫的危害。如棉麦套种可以减少前期棉蚜的侵入，又增加了麦收后棉花上的蚜虫天敌——瓢虫。
- 抑制性土壤简称抑病土，是指所有不利于病害发生的土壤。在发病农田的土壤中加入少量的抑病土，能显著降低农田的发病程度。

4. 不育昆虫防治和遗传防治

不育昆虫防治是搜集或培养大量有害昆虫，用γ射线或化学不育剂使之成为不育个体，再释放出去与野生害虫交配，使后代失去繁殖能力。美国佛罗里达州应用这种方法消灭了羊旋皮蝇。

遗传防治是通过改变有害昆虫的基因成分，使其后代活力降低，生殖力减弱或出现遗传不育。此外，利用一些生物激素或其他代谢产物，也能使某些害虫失去繁殖能力。

5. 利用昆虫激素诱虫

昆虫体内分泌具有活性，能调节控制昆虫各种生理功能的物质称为激素。其中性外激素已能合成并广泛应用于虫害测报和诱杀，如小菜蛾与棉铃虫的性诱剂。生产上应用的内激素有保幼激素、蜕皮激素和脑激素，通过改变害虫体内激素含量，阻碍害虫正常的生理功能，导致害虫的畸形或死亡。如利用保幼激素防治蚜虫和棉红蜡。

生物防治的若干范例

1. 生物导弹防治杨二尾舟蛾

在新疆克拉玛依市大农业开发区，杨树、榆树、银白杨、小叶白蜡等树种的大量栽培提供了生态屏障，而杨二尾舟蛾是主要林木害虫之一，曾于2005年4至6月大爆发，危害严重地带的树叶被全部吃光。2005年6月试验用"生物导弹"进行生物防治533.3公顷，取得了良好效果。杨二尾舟蛾的老熟幼虫体长约5厘米，常在树干基部、树皮缝、树枝分叉处和房舍上咬成木屑，常因幼虫啃木作茧，造成树枝受风易折，有时还咬碎电缆铅皮作茧引起电路事故。

所谓生物导弹是中国科学院武汉病毒研究所采用卵寄生松毛虫赤眼蜂为媒介传播松毛虫质多角体病毒和杨扇舟蛾颗粒体病毒，寄生于宿主杨二尾舟蛾的卵并在其幼虫种群中诱发病毒流行病。通常在成虫羽化高峰期的前2～3天，在杨树林内每隔10～15米处垂直挂放于荫蔽处的树枝上，每亩4～5枚。试验结果对杨二尾舟蛾的最高防治效率为100%，最低64.2%，平均86.1%。具有使用安全，无污染，对人畜无毒无害，不伤害天敌，经济效益和社会效益显著，效果稳定持久等优点。功效高，每日人均可防治5.33～6.67公顷。经使用"生物导弹"防治，虫口密度由防治前的156头/20株减少至17头/20株。防治时需注意：

● 不能与化学农药同时使用，否则会伤害赤眼蜂；

● 必须在成虫羽化高峰期的前2～3天施放，在幼虫期施放无效；

● 下雨天最好不要挂放以免有效成分减损。

（资料来源：新疆农业科学2006（3），"生物导弹"防治杨二尾舟蛾初报，何江成、蒋衡、汤显春等.）

2. 放养鸭子＋生物农药防治水稻主要害虫的效果

由于气候变化、新品种推广、种植方式改变和农药过量使用，浙江省近年来以稻飞虱、稻纵卷叶螟和二化螟为主的水稻害虫连年大发生或发生较重，造成严重的经济损失。其中高毒广谱化学杀虫剂的大量使用被认为是稻田害虫猖獗最重要的原因。为探索可持续的防治模式，浙江省在金华市婺城区汤溪镇横山头村进行了生物防治、标准防治、农民自防、不用农药等四种模式的对比试验。其中生物防治区每亩于7月15日至8月31日放养杂交番鸭15羽，并在此期间使用生物杀虫剂BT和井冈霉素防治水稻害虫。标准防治区为按照植保部门的病虫情报和农药使用指导用药。农民自防区为当地农民主要参考农资经销商指导或自主用药，通常容易过量施药。

试验结果表明,对于稻飞虱和稻纵卷叶螟,生物防治的防治效果显著好于不用农药,但比标准防治与农民自防的效果略差。对于二化螟则以生物防治的效果最好。虽然生物防治的水稻单产仍略低于农药防治,但从经济效益看,由于节省了打药成本和增加了养鸭收入,每亩净收入达到972.76元,比标准防治、农民自防和不打农药三种模式分别高出123.95元、81.22元和341.37元。如果生物防治的产品稻谷和鸭子都按绿色食品的价格计算,则经济效益还要高得多,其减轻农药残留污染的环境效益更是难以估量。

(资料来源:四种防治模式对水稻主要害虫的防治效果及其经济效益分析,陈桂华、郑许松、盛仙俏等,浙江农业学报20(5),380-384)

3. 雁荡山森林病虫害的综合防治

雁荡山是浙江西部著名的风景区，2002—2003年乐清市马尾松毛虫和柳杉毛虫大范围爆发，雁荡山主景区松毛虫危害发生在海拔600~800米区域的柳杉纯林，平均虫口密度高达96头/株。主景区先后采用了以下几种生物防治措施，取得了显著成效。

● **白僵菌粉剂** 2002年以后连续8年使用白僵菌粉孢进行生物防治，覆盖范围达90%以上，在3月下旬至4月中旬投放，使马尾松毛虫和柳杉毛虫虫口密度都控制在成灾率以下。

● **M-99松褐天牛诱捕器** 2005—2007年设置M-99松褐天牛诱捕器40台，在300~800米海拔区间内分别依次间隔50米按不同海拔高度梯度设置。考察不同海拔的引诱效果，在雁荡山松褐天牛低密度条件下，M-99松褐天牛诱捕器具有更好的诱捕效果，如地势开阔，空气流通良好的方洞——百岗尖平均诱捕74.2头/年·台，地势较狭窄、幽闭的大龙湫——飞泉平均36.1头/年·台。

● **松枯死木清理和除治** 从2004年开始连续6年进行松枯死木清理和除治，通过改善林内环境和卫生条件并结合有计划地补植阔叶树种人工促进天然更新，大力提高阔叶林和混交林的比重，采取多树种搭配，首选彩叶乡土树种，以营造良好视觉观感，通过近几年的努力取得较明显的成效，病虫害明显减轻。

［资料来源：雁荡山森林病虫害综合防治实践及成效考察，陈红、章海英、卓礼富等，安徽农学通报2009，15（13）］

4. 农作物重茬病的生物防治

许多作物在连年重茬种植的条件下会出现某种或某些营养元素缺乏，土壤中生理有害物质增多，特别是病菌。尤其是瓜类和茄果类作物容易受到枯萎病、青枯病等土传病害，疫病、灰霉病等真菌病害和线虫的危害，统称重茬病。病菌主要危害黄瓜、甜瓜、西瓜、棉花、菜豆、西葫芦、冬瓜等作物的茎基部和根部，一般发病率在10%~30%，植株常常枯死，造成缺苗断垄，严重的可达80%~90%，甚至全园死亡造成绝收。采取嫁接方法育苗，增施作物易缺乏的营养元素和有机肥，改良土壤，隔一定时期进行土壤消毒，实行水旱轮作，轮换不同品种等都有一定效果。但在一些名特优产品专业化生产的集中产区，倒茬会造成重大的经济损失。

为解决重茬病害的难题，南开大学经反复试验，成功研制出了以天然物质为主要成分的作物重茬障碍微生态防治剂。这种天然物质在活性菌作用下分解，能促进植物体内酶的合成，按作物生长需要制造养分，并利用微生物的拮抗作用增强拮抗菌的生长繁殖，有效抑制病原菌，使土壤微生态恢复平衡，从而达到抑菌、防病、健株、增产的效果。

该防治剂在吉林省集安双岔林场人参重茬地、天津武清南蔡乡和河西坞乡西瓜重茬地和伊犁沙白甜瓜大棚重茬地进行的试验都取得了显著成效，不仅可应用于重茬引起的人参根腐病和瓜类枯萎病的防治，还可以推广应用到大田作物及蔬菜重茬病害的防治。该产品还具有一定的肥效，在重茬地块的保苗率达90%以上，增产10%以上。

5. 湖北天门棉区生物防治棉铃虫减少污染

湖北省最大棉区天门市3年内在40多万亩棉田推广应用生物及生物农药防治棉铃虫，使有毒农药的用量大为减少。当地棉农也普遍反映用新法治虫，空气中没了刺鼻的农药味，河水也干净多了。棉铃虫是棉花丰收的大敌。过去，天门棉农大量使用剧毒化学农药仍无法抵御其肆虐，且农药残留量大，极易诱发癌症，严重威胁着饮用水安全。天门农技专家经多年探索，根据棉铃虫不同生长阶段的活动特点进行防治。他们让棉农用意杨树的枝叶扎制成"杨枝把"，先给棉铃虫做个产卵的"安乐窝"，然后将产满虫卵的"杨枝把"烧掉，把棉铃虫扼杀在"摇篮"里。利用棉铃虫成蛾期的趋光性，天门市有组织地在田间安置高压汞灯。棉农每50亩地安装一盏灯，晚上汞灯同时开放，可成群诱杀棉铃虫幼蛾。天门植保站农艺师马呈瑞介绍，安装汞灯的田块，每亩棉铃虫落卵量可减少10%～15%。天门与中科院武汉病毒研究所合作，投入1 200多万元，在蒋湖农场投资兴办生物农药厂，共同开发生物农药。这种新型农药利用病毒技术"以毒攻毒"，经农技专家统计，三年内通过推广灯光诱

"杨枝把"

蛾和生物农药防治等技术，天门全市化学农药的使用量减少了800多吨，节省防虫资金160多万元，节省人工240万个。当地环保部门检测结果表明，全市地表水水质和空气质量提高了一个等级，环境状况得到明显改善。

（资料来源：湖北：天门棉区生物防治棉铃虫减少污染 http://www.aweb.com.cn 2010年8月21日 13：34 湖北日报）

6. 烟蚜茧蜂生物防治技术

烟蚜是烟田常见的害虫之一，它取食烟株汁液，使烟株生长缓慢，烟叶品质下降。此外，烟蚜还传播多种病毒病，给烟叶生产造成更为严重的损失。烟蚜茧蜂能够将卵产在烟蚜体内进行繁殖，使烟蚜寿命缩短、繁殖力下降。而且通过烟蚜茧蜂防治烟蚜，可以有效减少杀虫剂的使用量,降低烟叶中的农药残留量,提高烟叶的安全性,保护烟田生态环境。

烟蚜茧蜂的自然寄生率通常在20%~60%。但由于自然界中天敌的跟随现象,在烟蚜大发生前烟蚜茧蜂数量较少,控制效果不理想,因此必须借助人工投放增加田间烟蚜茧蜂数量。

云南省保山市烟草专卖局(公司)提出在全市20万亩烟田推广应用烟蚜茧蜂生物防治技术。已在龙川江流域烟叶产区完成2万亩烟田放蜂并取得良好效果,其余各区县也在按技术推广方案落实相关物资、饲养基地及蜂苗等。

在实施过程中,保山市烟草专卖局(公司)将收集和制作科教片、技术手册等相关资料,明确技术标准,力争实现累计26万亩烟田的推广应用,确保到2012年全市80%以上的烟田能够应用烟蚜茧蜂生物防治技术。

受福建省尤溪县烟草专卖局(分公司)委托,福建农林大学的技术人员来到尤溪县"通仙"有机烟叶生产示范片,将规模繁育的一批烟蚜茧蜂投放到烟田里,借助烟蚜天敌控制其对烟叶的危害。

(资料来源:我省利用烟蚜茧蜂防治烟蚜关键技术达到世界领先水平,2011-6-28 16:48,云视网,http://www.news.yntv.cn/content/20/20110628/164815_20_325563.shtml)

7. 武汉行道树采用生物防治技术以虫克虫

2011年春季,武汉园林部门首次在全市范围实施植物病虫害生物防治技术。武汉市民好奇地发现,路边的法桐树上纷纷悬挂了一只牛皮纸小信封,上书"防虫用,勿动"字样,信封也能防虫?

园林部门称,有防虫功能的不是这些信封,而是装在信封内的一种名为"蒲螨"的小昆虫,汉口京汉大道、香港北路600余株法桐都以此预防蛀干害虫。

武汉市园林科研所植保工程师董立坤说,蛀干害虫通常钻进植物的树干内蛀食树木,导致树木死亡,而喷洒农药很难奏效。蒲螨有避光性,会自动钻入树木的蛀孔或树皮缝等阴暗处,寄生在害虫体表、叮咬、刺吸致其中毒瘫痪最终死亡。这种方法成本低、对人体无害、可重复利用，还可避免长期使用化学农药治虫造成的环境污染及产生抗药性等缺点。

（资料来源：采用生物防治技术武汉行道树以虫克虫，2011-04-14 10：31，中国园林网）

第四讲

生态农业与生态村建设的典型案例

话题1 生态农业的典型案例

什么是生态农业

生态农业是指在保护、改善农业生态环境的前提下，遵循生态学、生态经济学规律，运用系统工程方法和现代科学技术，集约化经营的农业发展模式。生态农业是一个农业生态经济复合系统，将农业生态系统同农业经济系统综合并统一起来，以取得最大的生态经济整体效益。生态农业同时也是农、林、牧、副、渔各业综合起来的大农业，又是将农业生产、加工、销售综合起来，适应市场经济发展的现代农业。

生态农业要求农业发展于农业资源、环境及相关产业协调发展，强调因地、因时制宜，以合理布局农业生产力，适应最佳生态环境，实现优质高产高效。生态农业能合理利用和增值农业自然资源，重视提高太阳能的利用率和生物能的转换效率，使生物与环境之间得到优化配置，并具有合理的农业生态经济结构，使生态与经济达到良性循环，增强抗御自然灾害的能力。

改革开放30年来，我国在实践中积累了大量生态农业模式，对于促进农业可持续发展，改善和保护生态环境起到了极大作用。

> 生态农业与后文提到的循环农业、低碳农业、有机农业等，其重点与角度各不相同，但出发点都是追求农业的可持续发展和保持生态系统的良性发展。

典型的生态农业模式

1. 南方"猪—沼—果"生态农业模式

"猪—沼—果"生态农业模式以沼气为纽带，带动畜牧业、林果业等相关农业共同发展，主要形式是"户建一口沼气池，人均年出栏两头猪，人均种好一亩果"。

主要的经济效益有：

● 用沼液加饲料喂猪，猪可提前出栏，能节省饲料20%，降低饲养成本；

● 施用沼肥的果树（脐橙等），能比未施肥的年多长高0.2米，多长5个枝梢，植株抗旱、抗寒和抗病能力等增强，大幅度提高了果实的品质；

● 每个沼气池可节约砍柴工150个，同时能减少环境污染。

目前该生态农业模式在中国南方得到大规模推广，仅江西赣南地区就有25万户，产生了巨大的经济效益。

（资料来源：卞有生主编，生态农业中废弃物的处理与再生利用，北京：化学工业出版社，2000，319-322）

2. 北方"四位一体"生态农业模式

"四位一体"生态农业模式以生态经济学、系统工程为原理，通过生物质能转换技术，在全封闭的状态下，将沼气池、猪禽舍、厕所和日光温室等组合在一起，是一种庭院经济与生态农业相结合的新型生态农业模式。

"四位一体"生态农业模式的实施办法：建一个150平方米塑膜

日光温室，在温室一侧建造一个约8～10立方米的地下沼气池，在沼气池上面建一个约20平方米的猪舍和一个厕所，形成一个封闭的能源生态系统。

（1）"四位一体"生态农业模式主要技术特点

● 猪舍温度在冬天可提高3～5℃，猪的生长期可从10～12个月下降到5～6个月，提高了养殖效率；

● 猪舍下的沼气池由于得到太阳热能温度提高，解决了寒冷冬季北方地区沼气产气技术难题；

● 猪呼出大量的二氧化碳，使日光温室内的二氧化碳浓度提高了4～5倍，大大改善了温室内蔬菜等农作物的生长条件，增加了蔬菜产量，提高了蔬菜质量，成为一类绿色无污染的农产品。

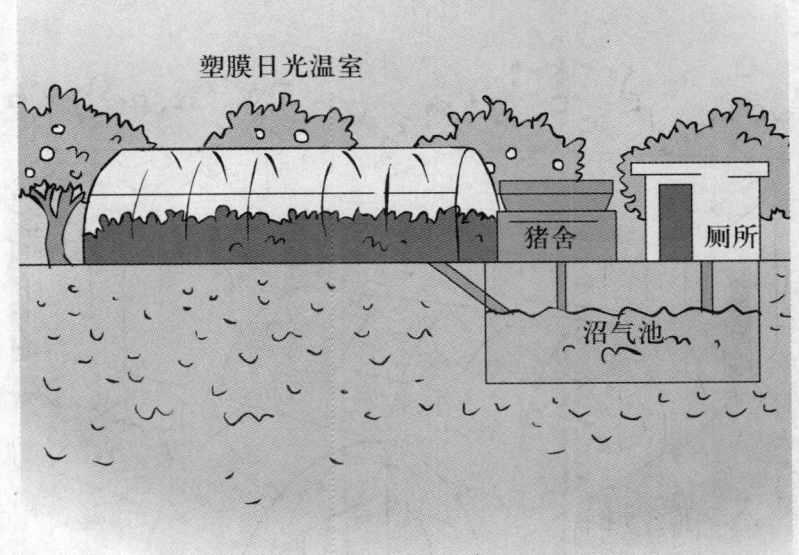

(2)"四位一体"模式的经济效益

● 蔬菜大幅增产、增收,年节省化肥开支约 200 元;

● 温室育猪可提前 150 天出栏,降低成本 40~50 元;

● 沼气等年节电费 60 元,节煤费用 130 元;

● 农村庭院面貌整齐、清洁、卫生,改变了"人无厕所猪无圈,房前屋后多粪便,烧火做饭满屋烟,杂草垃圾堆满院"的旧面貌。

目前"四位一体"模式在辽宁等北方地区已经推广 21 万户。

(资料来源:北方"四位一体"生态农业模式,农村能源网 2002-6-3, http://www.zjagri.gov.cn/html/ncny/productView/59836.html)

3. 西北"五配套"生态农业模式

● **西北"五配套"生态农业模式的具体形式** 每户建一个沼气池、一个果园、一个暖圈、一个蓄水窖和一个看营房,实行人厕、猪圈、沼气三结合,圈下建沼气池,池上搞养殖。除养猪外,圈内上层还放笼养鸡，形成鸡粪喂猪、猪粪池产沼气的立体养殖模式。该模式是解决西北干旱地区用水问题和促进农业持续发展的重要模式。

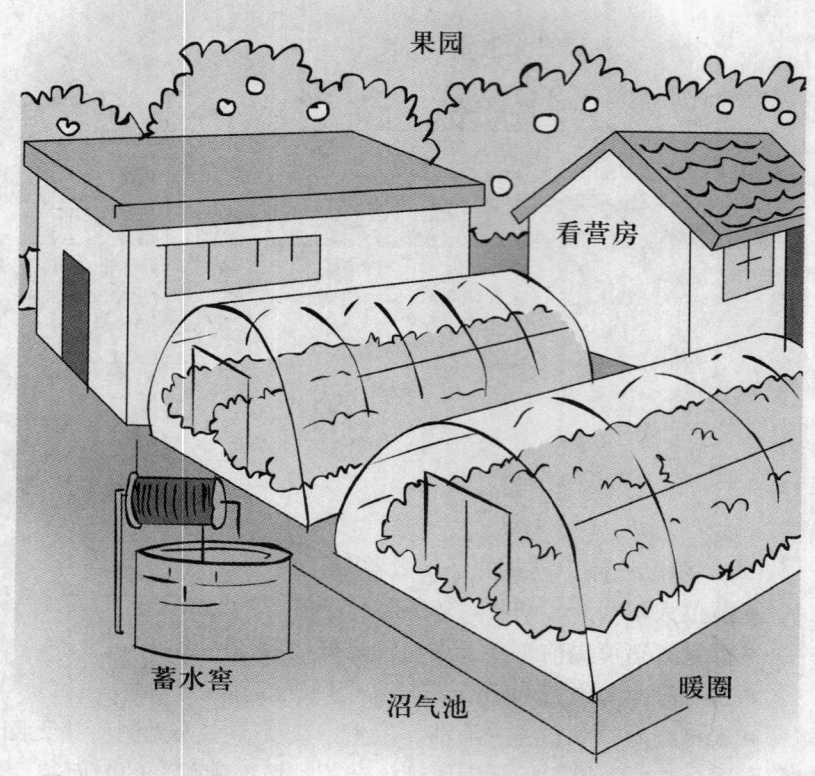

● **西北"五配套"生态农业模式的特点** 是以土地为基础，以沼气为纽带，形成以农带牧、以牧促沼、以沼促果、果牧结合的配套发展和良性循环体系。

此外，目前我国生态农业模式还有在高处修建窑式蓄水池、在旱坡地上聚土筑垄的西南模式，按照农业生态系统的能量流动和物质循环规律而设的稻—草—鹅（鱼）模式，以及以沼气为纽带的立体生态农业模式等多种模式。

（资料来源：西北"五配套"生态农业模式，农业能源网 2002-6-3 http://

www.zjagri.gov.cn/html/ncny/productView/59836.html)

4. 珠江三角洲桑基鱼塘生态系统

在广东方言中,"基"指与鱼塘夹杂存在的旱地,最早出现在明末清初的南海县,在基面植桑,鱼塘养鱼,广泛分布于珠江三角洲的低洼渍水地,后来又出现了蔗基鱼塘、果基鱼塘、菜基鱼塘、花基鱼塘等,统称基塘系统。

400多年前,当地农民发现蚕沙可以作为养鱼的饵料,每8千克蚕沙可养1千克鲩鱼。蚕沙把桑基与鱼塘,养蚕业与淡水养殖业联系起来,形成水陆相互作用的人工生态系统。该系统以桑树为基础,桑叶喂蚕,蚕沙、蚕蛹喂鱼,塘泥肥基,形成良性循环。如1公顷地产桑叶22 500千克桑叶,养蚕可得蚕沙11 250千克,用来喂鱼可产1 406千克。鱼粪能促进浮游生物的繁殖,后者又是鲢鱼和鳙鱼的主要饵料,剩余的蚕沙和浮游生物沉到水底,又是鲮鱼、鲤鱼等底层动物的食料。

基塘系统具有维持养分平衡,自动调节水分,促进土壤更新,调节旱涝等作用的同时,把多种生物聚集在同一土地,增加了系统的稳定性,并形成多种产出。根据1986年在南海县沙头镇的试验,1公顷蕉基鱼塘建立水陆立体种养系统,包括香蕉、兰花、鸡、瓜、鸭以及水体中的三层鱼,纯收入达7.12万元,按照当时的生活水平可养活142.5人,而每公顷水稻的纯收入只能养活10.5人,前者为后者的13.6倍。基塘系统基本不用化肥,又循环利用了农业废弃物,防止了污染,鱼塘附近的农田病虫害也有所减轻。

(资料来源:卞有生、张凤廷著,中国农业生态工程的理论与实践,北京:中国环境科学出版社,366-369)

郑州瑞阳的生态农业企业

郑州瑞阳粮食有限公司打破了粮食行业过去单一的经营管理模式,除进行粮食收购、储存、加工之外,还从事生态种植、生态养殖、餐饮服务、生态旅游等经营活动，努力打造一条"从田间到餐桌"的生态食品产业链条，让老百姓远离食品添加剂。

1. "公司＋合作社＋农户"发展生态种植业

瑞阳公司将瑞阳生态农业产业基地选在海拔800多米的新密市尖山风景管理区国公岭村。这里的土壤由多种矿石风化而来，富含钙、铁、硒、镁等几十种对人体有益的矿物质和微量元素。这里种植的小麦、杂粮、蔬菜等以天然雨水灌溉，以草木灰等有机肥滋养，种植过程中不使用添加剂、化肥、农药等化学物质，是不可多得的绿色健康食品。

为推动生态种植业发展，瑞阳公司采取"公司＋合作社＋农户"的产业化经营模式，大大调动起当地农民投身生态种植的积极性。

基地现有有机生产面积3 000余亩，种植小麦、玉米、大豆、红薯等粮食作物及白菜、萝卜、辣椒、番茄等蔬菜，从业人员210人，培育科技示范户380户，带动农户1 046户。

2. "特色鲜明，形式多样，重点推进"发展生态养殖

为充分体现"原生态"理念，瑞阳公司把生态养殖基地建在山上。在这里散养的柴鸡在树林里畅快奔跑，遍地的花草、植被夹杂着的各种中草药和昆虫都是柴鸡的美食。在这种自然环境里生长的柴鸡，吸收了大量的自然营养，富含人体所需的各种营养物质，是纯正的"生态鸡"。为扩大养殖规模，瑞阳公司以基地为基础，辐射带动周边农民。目前，公司养殖基地占荒山5 000多亩，散养柴鸡达36 000只，带动农户260户。预计2011年将发展到10万只，计划3年内达到50万只以上。

瑞阳公司还在生态养殖基地发展了土猪养殖。新研发的优质土猪品种"野梅香猪"是由野猪、香猪、梅山猪杂交而成，猪肉味道鲜美而不腻。公司采取散养方式，不使用任何化学原料，目前总存栏量已发展到5 000多头。

在发展生态农业过程中，瑞阳公司始终以养殖产业为主导，以增加效益、降低成本为原则，使当地农民经济收入年增长率达到9%，做到了农民增收、企业增效双赢，初步摸索出了"特色鲜明，形式多样，重点推进"的生态养殖发展之路。

3. "扶持、互利、多赢"示范带动作用明显

在发展生态农业过程中，瑞阳公司始终按照"扶持、互利、多赢"的原则，为当地农民提供多渠道、全方位、多环节的服务措施：

- 提供专业培训和技术指导，经常邀请有关农业专家就生态种植、生态养殖作技术培训，并为农户提供全方位的技术帮助；
- 瑞阳公司充分利用生态养殖、绿色餐饮等生产岗位，优先安排当地农民就业，截至目前已安排就业人员56人；
- 公司以帮助农民转变思想、更新观念为突破口，开展了一系列切实可行的扶贫活动，制定了行之有效的扶贫措施，尽最大能力提供资金及技术上的支持，帮助农民寻找致富门路。

"服务农业、关爱农民、扎根农村是我们的发展目标,也是我们基层粮食企业长久发展下去的战略举措。"郑州瑞阳公司负责人介绍,公司结合尖山的自然特点,以方便农民生产生活消费为落脚点,开展了一系列的便民服务活动。在有关部门及新密市扶贫办的倡导下,公司在瑞阳农庄建立了三农服务点,开展粮食代储加工、品种兑换等业务。建成了产品质量好、商品种类全的三农服务超市,配备了三轮便民服务车,深入乡村,走村串户,为农民提供种子、有机肥料、技术咨询、科技服务等便民活动。

在粮食收购过程中,因尖山处于深山区交通不便等因素,瑞阳公司组织三轮车队配备工作人员收粮到农户,逐村逐户进行收购。在做好服务的同时,瑞阳还在收购价格上提高标准,以实现农民利益的最大化。2009夏天,该地区共收购小麦1 360吨,收购价格每市斤高出市场价0.2元,按每吨400元计算,仅此一项,农民就增加收入54万多元,较大幅度地增加了农民的收入。2009年秋天,瑞阳公司又根据尖山土壤和气候的特点,引导农民种植生态萝卜,并免费提供种子和技术,以较高的价格签订回收协议。据不完全统计,亩产均在5 000斤左右,按回收价每斤0.3元计算,每亩收入1 500元,而传统种植的玉米,正常年份亩产在600斤左右,按玉米最高单价0.9元计算,亩产收入在540元。相比之下,农民种萝卜比种玉米的收入净增960元。

(资料来源:郑州瑞阳:打造中国生态农业第一品牌,人民网2011-6-21,www.foods1.com/content/1154122/)

留民营建设生态农业村的实践

自20世纪80年代以来,我国生态农业建设由自发的实践转向有理论指导的重要农业生产方式。1982年全国农业生态村试点仅10个,1995年已超过了2 000个。加上生态农业县的试点村,共达5 000个。其中北京市留民营村荣获我国第一个,也是世界第一批

"全球环境保护500佳"称号。

留民营地处北京市南郊，有耕地165亩。2000年全村总收入2.8亿元，其中工业1.1亿元，旅游业和第三产业0.9亿元，农业0.8亿元。留民营生态农业村建设具有以下特点：

● **围绕沼气建立循环型产业链** 建有村级总沼气站，是一个大型高温厌氧发酵沼气工程，为村中所有农户和企业提供燃气能源。工程总池容量300立方米，全年生产沼气30万立方米。主要吸纳猪场、鸡场、奶牛场及农户粪便发酵提供能源，并将沼渣转化为优质绿色肥料。

● **统一管理，集约化经营土地** 成立了粮食、蔬菜、果园、养殖场等专业队，与农场分别签订协议，自主经营，自负盈亏。走出一条统一管理、集约化经营的农村土地经营之路。

● **广开渠道，吸引内外资金** 依托生态第一村的优势多种途径广泛宣传，以合资、独资、出租厂房等多种形式吸引国内外资金。严把环境质量关，把无污染或污染小的企业引入工业园区，成为全村经济支柱。大力发展生态农业和旅游业，既解决了富余劳动力就业，增加了集体和个人收入，又吸纳了周边村庄的劳动力，带动了周边经济的发展。

● **发展农业观光和生态旅游业** 留民营既没有青山绿水风景宜人的自然景观，也没有历史悠久文化底蕴深厚的人文景观，但他们独辟蹊径，依靠生态农业优势发展农业观光和生态旅游业，成为新的经济增长点，生态庄园、有机农业示范基地、农业公园、垂钓园等每年吸引国内外游客10多万人次。还兴办了绿色农产品定点采摘旅游，与周边10个村近百户农民订立了农副产品产销合同，游客可以随手采摘水果、花生、红薯、小杂粮、蔬菜等，既增加了旅游项目，又增加了农民收入。

参见李文华主编，生态农业——中国可持续农业的理论与实践，北京：化学工业出版社，2003. 632-650

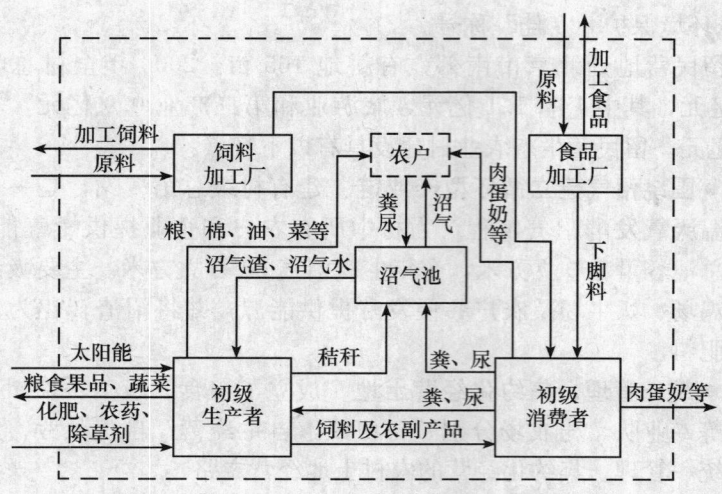

留民营村生态系统结构（据卞有生等）

黑龙江省拜泉县建设生态农业县的实践

1. 历史与现状

自20世纪90年代以来，生态农业县建设已成为我国生态农业发展的主要形式，标志着我国生态农业建设正向区域化、规模化方向发展。县级生态农业建设是利用生态经济学原理和系统工程方法，在县域范围进行生态农业的规划、设计、管理和实施，实现县域生态、经济的良性循环与可持续发展。要求在总体规划的协调下，根据当地生态经济条件，实现物质、能量的高效利用，产业结构优化，建设经济发达、社会文明、环境优美的新农村。

拜泉县位于黑龙江省中西部小兴安岭余脉与松嫩平原过渡带，是传统的农业与产粮大县。垦殖初期，这里土质肥沃，植被葱郁，"榛柴岗、艾蒿塘、不上粪、也打粮；棒打獐子瓢舀鱼，野鸡飞到饭锅里"。但由于持续的毁林毁草开荒，植被覆盖率不断下降，水土流失日益严重，旱涝、风沙等自然灾害频繁发生，到20世纪70年代已形成生态性贫困，粮食亩产不足百斤，人均年收入不足百元。按照当时的水土流失速度，200年后拜泉县将无地可耕。

2. 建设生态农业县的主要做法

从1986年起，县委、县政府决定实施生态农业战略，重整拜泉山河，跳出恶性循环的怪圈。在有关专家学者的指导下，提出了生态农业发展战略的骨干体系。按照"山处有林、水处者溢，谷处者牧，陆处者农、结合者工"的原则，确立了六种生态农业建设模式：林草果畜粮综合经营模式、畜禽鱼稻良性循环模式、粮牧企经庭主体开发模式、坡水林四格综合治理模式、贸科工农一体化模式、资源节约型生态模式。重点实施了十大生态经济工程：水土保持与抗旱治涝工程、林业生态工程、农机配套及耕作制度改革工程、畜牧业生态工程、产业开发工程、水产养殖工程、农机能源综合工程、庭院生态经济开发工程、环境治理与保护工程，并建立了与之适应的十大综合配套工程的技术体系。

3. 综合配套工程的技术体系

● **水土流失综合治理技术体系**　以治沟治坡为主攻方向，采取生物、工程、农艺措施相结合的办法，设立坡面防护、田间工程、沟道工程等三道防线，层层拦蓄，有效控制了水土流失。

● **标本兼治的水资源综合开发可持续利用技术体系**　实施"百库千塘万眼井"工程，建设小兴安岭脚下"千湖王国"。通过工程措施蓄住天上水、用好地表水、合理开发地下水，做到闲水忙用、一水多用，围水建设经济区，变水害为水利。

● **网带片、乔灌草相结合的生态农业基本骨架建设技术体系**
大量栽植樟子松妆点网格田；以建设东北最大苗木集散地为目标，不断推进苗木生产基地化、规模化和市场化建设；抚育截伐后杨树萌生条，使其成为永续利用的再生资源；退耕还林、宜林两荒与小流域治理紧密结合，新增造林24万亩。经过二十多年努力，全县森林覆盖率由3.7%增加到22.7%，增加了空中补源和土壤蓄水量，有效控制了水土流失。

- **因地制宜的耕作技术体系** 探索了劳力、规模、技术三个效益相统一的农机和土地相结合生产模式，坚持松、翻、耙、旋后起垄，形成经济合理利用保护土地资源及改善土壤肥力的科学管理体系。
- **林牧业协调发展的结构调控技术体系** 始终把发展畜牧业作为生态农业经济工程的支柱产业和建强县奔小康的有效途径，在全县形成养殖小区、专业村屯和专业农户等牧业经济发展模式，2009年牧业产值比重已达35.9%。
- **依靠科技创新，建立以技术、资金、劳力密集和高效、持续为特征的综合配套技术体系** 坚持农科教一体化，全面实施"科技推广计划"，重点推广大豆垄三播种、小麦标准化作业、水稻旱育稀植超植、绿色食品生产技术、高油高蛋白大豆栽培技术等项新技术和畜牧业养殖综合技术。
- **农畜产品多级加工多次增值循环利用技术体系** 合理运用资源，多元转化，多次循环利用，实现多次增值，把产品优势转化为商品优势。一手抓纵向延伸，一手抓结构调整，强力实施绿色食品产业开发战略，强化从土地到餐桌全过程的质量监督和全方位服务。建立绿色食品基地，培育壮大绿色食品龙头企业，开拓绿色食品市场。相继建立了大豆、乳品、白糖、林业、面粉、大鹅肉、马铃薯、绿色食品杂粮和葵花等生态产业体系。
- **实现生态经济系统的连续性和生物的多样性为目的"生态位"原理应用技术体系** 通过实施棚室育苗和保护地栽培创造适宜环境，使生育长的高产高效作物品种安家落户，发展密集型、立体式、园艺化庭院经济，最大限度地挖掘土地资源生产潜力。选择培育适宜本地气候的作物品种，充分发挥资源优势趋利避害。
- **以再生能源为纽带，以高效利用为目的的农村能源综合建设技术体系** 从开源节流两方面解决能源短缺热量不足，如营造薪炭林，建太阳能猪舍，修燃池，改装节能变压器，推广节能双面热炕、节煤炉具，改造砖窑等。
- **以人为本、生态秩序和谐的城乡生态环境建设技术体系** 城乡生态环境建设工程遵循以人为本，自然生态与人文生态相结合，大力实施人居环境绿美净工程建设,突出园林绿化,县城人均绿地、湿地面积已达33.2平方米。

4. 生态县建设的成效

20多年持之以恒的生态农业建设实践,使拜泉县生态环境有了根本改善,治理后的坡耕地减少径流78%,泥沙流失量减少88%,土壤有机质含量提高0.51%,空气湿度提高10%~14%,风速降低58%。粮食总产量比1986年增加78%,畜牧业总产值为1986年的20倍。创造了10.74亿元的林业资源和28亿元的水利工程积累,累计增加土地10万亩。实现了生态、经济、社会和扶贫四个效益的同步增长。

1992年以来陆续被授予全国水土保持先进单位、造林绿化百佳

县，获国际生态工程一等奖、全国生态农业县、全国水土保持"十百千"工程建设先进县等荣誉，2001年被国际工发组织确定为"国际绿色产业示范区"，并成为"中国北方生态旅游之乡"和"中国绿色食品基地县"。

（资料来源：李文华主编，生态农业——中国可持续农业的理论与实践，北京：化学工业出版社，2003．685-693）

话题2　循环农业的典型案例

什么是循环农业

● 循环农业是按照循环经济理念，通过农业系统的设计和管理，实现农业系统的光热自然资源利用效率最大，购买性资源投入最低，可再生废弃资源利用最多，有害污染物排放最少目标的农业发展模式。循环农业作为一种环境友好型农作方式，具有较好的社会效益、经济效益和生态效益。只有不断输入技术、信息、资金，使之成为充满活力的系统工程，才能更好地推进农村资源循环利用和现代农业持续发展。

● 建立循环农业体系应遵循以下基本原理：能量高效利用转化原理；生物互作循环原理；物质高效循环原理；产业链接循环原理；生态经济协调原理。构建循环农业技术体系要坚持再循环化、再利用、减量化和可控化四项原则。目前我国循环农业的主导模式有：复合生物系统循环模式；农田秸秆直接还田循环模式；农牧生产链循环生产模式；）农业废弃物再生利用循环模式；农业企业循环经营模式。

孝昌县循环农业的发展模式

湖北省孝昌县在实施农业结构战略性调整中,加快农业产业化经营,大力发展循环农业。现已形成以生态农庄为平台的3种循环农业模式。

1. 以沼气为纽带的多层次能源利用模式

在新农村建设中,结合沼气池建设,对"猪(鸭、鸡、牛、鹿)—沼—粮(果)"农业生态循环模式进行了有益探索,遵循"生物链小循环"规律与种植业结合进行次级生产,形成以种植业为前提,以饲料能源的多层次利用为纽带,以畜禽饲养为中心的种植、养殖、沼气、水产等多业结合的不同循环类型的生态系统。普通农户以粮食、秸秆喂猪、牛、鸡、鹿,畜禽粪进入沼气池发酵后变成肥料用来种粮,产生的沼气用于取暖、照明,沼渣添加到饲料中,沼液又可喷施农田作物防病虫,形成多元化农业生产良性循环模式。由于大力推广和运用沼气技术,逐步形成"养猪不垫圈,照明不用电,做饭不需柴,种菜不买肥,产品无污染"的生态循环生产格局。"猪(鸭、鸡、鹿、牛)—沼—粮"生态农业模式不仅改变了农民家庭生活方式,而且通过改厨、改厕、改圈,使农村居民的居住环境得到很大程度改善,达到农民增收、环境净化、节能减排的目的。

2. 高效集约种植和延长生物链模式

一是以塑膜大棚进行瓜菜反季栽培,增加优质瓜菜产出量,提高单位产出效益。二是推行"农作物秸秆—饲料—畜禽—粪便—生物有机肥—农作物"模式。将畜禽粪便制成高品质、高肥效、无公害、环保型的生物有机肥料。在水稻种植基地选用高产、优质、抗病水稻良种,适时放养鸭子,利用鸭子吃稻虫,鸭粪给水稻提供营养,且能松土、除草,促进稻根发育,形成完整的生物链。鸭窝积粪养蚯蚓,将蚯蚓加工成饲料喂鸭或作为淡水养殖基地鱼的饵料;

或加工成有机肥，作为蔬菜种植基地肥料。用水产养殖基地的鱼塘水灌溉稻田，鱼塘淤泥作为蔬菜种植基地的基肥。蔬菜种植基地采后剩余菜叶加工作为鱼鸭饲料。形成田养鸭、鸭吃虫、鸭窝积粪养蚯蚓、蚯蚓喂鱼鸭、鱼塘水入稻田、鱼塘淤泥进菜地、菜叶加工成鱼鸭饲料等的资源多级利用和循环立体农业结构。

3. 水库立体开发模式

实行库边陆地建园种果树，园中建栏养猪、水面养鸭、水中养鱼的立体开发利用，同时开发特种水产养殖，添置钓鱼、游船，建设水上乐园，成为集水果业、畜禽业、水产业、旅游业为一体的经济、社会、环境、效益高度统一的立体开发、综合经营模式。

（资料来源：孝吕现代农业华丽转身，2010-8-17 11：25：59，http:// www.xgjmw.gov.cn/home/201142/n008171125144.html）

迁安市"乐丫"种、养、加结合型模式

河北省迁安市地处片麻岩丘陵山区,优越的地理条件和气候资源使之成为唐山市谷子、核桃、板栗等农产品的主产区。迁安市乐丫农产品开发有限公司依托区域特色产业及资源优势,采取"公司＋基地＋农户"的组织方式辐射带动大五里、五重安、木厂口等乡镇发展干果、杂粮基地50个,近万户农民走上产业化道路,初步形成种、养、加结合型循环农业模式。现已开发果树生产基地约33.3公顷,农业示范园1座、农产品加工厂1座、农副产品超市3个,总资产近2 000万元,拥有板栗、核桃、杂粮加工生产线和干果、杂粮、干菜生产基地25个。

"乐丫模式"的基本原理是实现传统生态农业模式的三步升级:

● 第一步,把特色林果种植、畜牧规模化养殖、有机小杂粮生产、食用菌栽培、沼气开发、蝇蛆养殖及水利灌溉搬上山区,实现各专业生产部门的协调作用、联合发展,扩大各产业生产规模。

● 第二步,把沼气生态农业工程向两头延伸,上连畜牧业,对畜禽粪便进行无害化处理,下连种植业,将沼液沼渣加工成高效有机肥满足生产有机绿色农产品的需要,提升农业运行的质量和效益。

● 第三步,把单纯的农产品生产经营活动升级为集生产、加工、流通、销售和服务于一体的产业体系,形成种植业、养殖业、加工业并举的高效生态产业链,实现由单一能源效益向综合效益方向转化,促进优质高效生态农业的产业化发展。

(资料来源:周颖、尹昌斌,河北省唐山市山前平原区循环农业实践模式研究——以迁安市"乐丫"种、养、加结合型模式为例,河北农业科学 2008 (11) 92-95)

北京市房山区庙耳岗村食用菌产业模式

庙耳岗食用菌技术开发中心位于房山区青龙湖镇东部,是北京市科委 2004 年指定的循环农业试点村。1997—2007 年先后投资 2 000 万元,建成了 10 公顷食用菌标准化生产基地,150 栋日光温室、菌种厂、配送中心、佛甲草生产基地,以及华北地区最大、建筑面积 4 170 平方米、年产 8 800 万棒的菌棒加工厂。庙耳岗食用菌技术开发中心采取"合作社+基地+农户"的组织方式,带动了庙耳岗村、豆各庄村、大苑村等地的 3 000 多户农民发展食用菌种植业,2006 年农民人均纯收入达到 10 595 元。

庙耳岗村食用菌产业模式的基本原理是遵循"再利用、再循环"的发展原则,利用大量农作物秸秆和养殖粪便(牛粪)发展食用菌产业,以菌棒规模生产加工销售为主导,力争实现村域内资金、技术、原材料、生产对象的最大集约化,吸纳更多剩余劳动力从事食用菌生产。开辟多条菌棒废渣和秸秆废弃物的资源化利用途径:一是通过秸秆汽化由生物质能转化成化学能,有效解决农村生活能源问题;二是将废菌棒加工成屋顶绿化植物用培养基,可进一步延长产业链条,实现农林废弃物资源的转化增值。

[资料来源:周颖、尹昌斌,房山区循环农业实践模式研究——以庙耳岗村食用菌产业模式为例,北京农业职业学院学报2009(1)]

广西百色市"种植—沼气—养殖+灯"模式

广西百色地区根据当地资源特点,创造性地摸索总结了"种植—沼气—养殖+灯"模式,包括"猪—沼—果—灯—鱼""猪—沼—菜—灯—鱼—黄板"等形式。2004 年由百色市农业局牵头区四塘镇保安村那利屯组织实施以"猪—沼—果—灯—鱼"为主的《生态富民家园农村小康示范村》建设项目,取得显著成效,而后又在田阳、田东、平果和德保四县继续推广这一模式,并逐步配合开展村容村貌综合治理,以"四改"为手段,构建以种植、养殖、加工、沼气为主的庭院经济型循环农业产业链。2004年全市农林牧渔业总产值完成95.2亿元,比上年增长6.90%;农民人均纯收入1 550元,比上年增长10.5%。

"种植—沼气—养殖+灯"生态循环模式以产业链延伸和构成闭合链为主线,综合利用农业生物质资源,发展生态型农、林、牧、副、渔、工、贸等相关产业,带动山、水、林、田、路、渠全面建

设,通过配套生态措施进行系统调控,使经济发展与生态建设逐步实现良性循环。产业形态表现为"猪—沼—果(菜、粮、蔗)—鱼+灯+套袋",以种养业为龙头,以沼气建设为纽带,串联种、养、加工等产业,实行沼肥全程利用综合性生态农业生产方式。全过程包括养猪、养鱼、沼气、果树、诱虫灯、果实套袋六个环节,各环节布局体现出生物链间的联动协调。

[资料来源:尹昌斌、周颖、梁仲达,广西百色市"种植—沼气—养殖+灯"生态农业循环模式研究,中国生态农业学报18(6),1576-1579]

河北省临漳县循环农业模式

临漳县位于河北平原南部,是全国粮食生产百强县和商品粮基地县。近年来,随着工业化、城镇化和农业产业化发展,耕地减少,质量下降,资源与环境已成为制约农业可持续发展的瓶颈。该县把发展循环农业作为改善生态环境、提升农业效益的一条根本途径,围绕农作物下脚料和畜禽粪便,探索出了五种循环农业模式。

● **肥料化** 采用机械作业、堆沤和生物菌快速腐熟等方式推广秸秆粉碎还田,提高土壤有机质含量,每亩一年可节约化肥100千克。

● **饲料化** 秸秆综合利用发展规模化养殖,全县养殖户年可收集青贮秸秆4.5万立方米,节约饲料5.2万吨。

● **基料化** 围绕食用菌栽培重点发展两种模式:一种以棚室栽培为主,以玉米芯为原料生产平菇;另一种利用小麦秸秆与牛粪混合制成基料,发展林下草菇、双胞菇、鸡腿菇等。全县已发展食用菌栽培5万平方米,年效益近2亿元,消耗玉米芯和小麦秸秆10万吨。

● **能源化** 一方面开展庭院"一建四改"(建沼气池,改厕、改圈、改厨、改院),并同步发展庭院经济,全县沼气池已突破5万口。另一方面探索以玉米秸秆为主作为沼气发酵原料,目前正在全县推广，预计年可消耗玉米秸秆 10 万吨，节约用煤费用 4 000 多万元。

● **产业化** 依托丰富的小麦秸秆资源，引进北京嘉禾木科技有限公司项目，利用秸秆生产清洁纸浆，从黑液中提取木质素，利用造纸废渣生产有机肥，利用生产余热和秸秆建设热电联厂，形成资源充分利用、环境科学保护的循环经济产业链。建成后年可处理小麦秸秆 12 万吨，经济效益 3 500 万元。

（资料来源：河北临漳五种模式大力度推进循环农业，2010-06-09 15：56：56 新华网，http://news.china.com/zh_cn/news100/11038989/20100609/15973324.html）

话题 3 低碳农业的典型案例

低碳农业的产生

气候变化是指有为人类活动排放大量二氧化碳和其他温室气体，造成大气组成改变，从而引起全球气候系统发生变化的现象。气候变化深刻影响着人类的生存与发展，已形成对世界社会经济可持续发展的最大挑战。

农业在通过光合作用固定二氧化碳的同时，也是温室气体的重要排放源，主要包括动物饲养和水稻生产所排放的甲烷、施用化肥后释放的氧化亚氮和生产过程中直接排放的二氧化碳，约占人类排放温室气体总量的 1/5。农业还是受气候变化影响最大的产业，气候变化将导致极端气象事件增加，使灾害与病虫害加重，农业生产的不稳定性增加，还可能使部分地区的干旱情况加重，土壤有机质下降，作物布局改变等。

为应对气候变化，国际社会提出了发展低碳经济、建设低碳社会的任务。所谓低碳经济，是指在可持续发展理念指导下，通过技术创新、制度创新、产业转型、新能源开发等多种手段，尽可能地减少煤炭石油等高碳能源消耗，减少温室气体排放，达到经济社会发展与生态环境保护双赢的一种经济发展形态。

与低碳经济相适应，低碳农业是指以减缓温室气体排放为目标，以减少碳排放、增加碳汇和适应气候变化技术为手段，通过加强农业基础设施建设及产业结构调整，提高土壤有机质含量，综合防治病虫害，发展农村可再生能源等，转变农业生产和农民生活方式，实现高效率、低能耗、低排放、高碳汇的农业。

低碳农业技术的类型

低碳农业技术包括减缓农业源温室气体排放和农业适应气候变化两个方面。

1. 减少农业源温室气体排放

● **开发农村可再生能源**　普及农村沼气。到 2008 年年底，我国农村已建成户用沼气池 3 050 万口，年产沼气 120 亿立方米。推广大中小型沼气工程数万处，年产沼气 5.26 亿立方米。合计相当于减排二氧化碳 0.52 亿吨。

● **推广秸秆综合利用**　包括通过固化成型和汽化站将秸秆能源化和利用秸秆作为饲料或肥料。我国年产秸秆近 8 亿吨，如将其中一半作为能源使用，可折合 2.6 亿吨标准煤，相当于减排二氧化碳 4.55 亿吨。

● **利用可再生能源**　包括利用太阳能、风能和水能。利用太阳能的方式有太阳能热水器、太阳灶、温室、太阳能发电等。目前我国推广的农村太阳能利用、小型风力发电和微型水力发电可形成 1 160 万吨标准煤的节能能力，减排二氧化碳 2 640 万吨。

● **开发生物质能源**　利用非耕地种植甘蔗、木薯、狼尾草等能源作物，可产生燃料乙醇和生物柴油，具有 2 922 万吨的生产潜力，可减排二氧化碳6 650万吨。

- **做好农村生活节能** 到2008年已推广节柴灶1.85亿户和节能炕2 050万铺，每年可节省7 800万吨标准煤，减排二氧化碳1.77亿吨。
- 推广稻田间歇灌溉技术。可减少稻田甲烷排放30%。
- 推广秸秆青贮、氨化和微贮技术，提高秸秆消化率，可减少反刍动物甲烷排放5%~10%。
- 推广测土配方施肥技术，改表施为深施，有机肥与化肥混施等可减少氮肥损失10%以上，从而减少氧化亚氮的排放。
- 淘汰落后农机，推广少耕、免耕等保护性耕作，可大大节省农机耗能。
- 秸秆还田、种植绿肥、增施有机肥、实行少耕免耕等保护性耕作措施能增加土壤有机质含量，耕层有机质每增加0.1%，相当于增加农田碳汇1.8亿吨。
- 实行退耕还草、退牧还草、划区轮牧、禁牧休牧、划定基本草原和实行草畜平衡等草原保护措施有利于草原植被的恢复。我国草地有机质每增加0.1%，相当于增加草地碳汇6亿吨。
- **植树造林** 1980—2005年我国造林活动累计吸收二氧化碳30.6亿吨。

2. 农业适应气候变化技术

农业适应气候变化，包括区域适应气候变化的基本趋势，如华北气候的暖干化，新疆气候变暖降水和融雪增加，长江中下游变暖变湿等；适应极端天气、气候事件的变化与增加；适应气候变化带来的海平面上升，近地面温室气体浓度增加和紫外辐射增强等生态环境改变。适应技术本身虽然不能减少农业源温室气体的排放，但由于适应技术在一定程度上起到了替代物质投入的作用，实际上是一种间接减排。2010年世界气候大会指出，在应对气候变化的行动中，适应与减缓具有同等优先地位。农业适应技术主要包括以下方面：

- 加强农业基础设施建设。其中水利工程包括农业水源工程、农田排涝工程、节水灌溉设施、山区集雨工程等,农田基本建设包括土地平整、山区修建梯田、农田防护林营建、农村土地整理等,农业基础设施还包括产品储藏库、饲草库、牧区饮水点、农产品市场建设等。

● 推广节水灌溉、节水农艺和旱作农业技术,增强抗御干旱的能力。

● 根据气候变化特点,调整作物布局、种植结构和种植制度,适当提高复种指数,以达到趋利避害,减轻灾害损失,充分利用气候变化带来的热量和二氧化碳浓度增加。

● 培育高光效和耐旱耐高温品种。

● 改进动物饲养方式以减轻气象灾害和疫病对牲畜的影响,促进健康养殖,提高畜牧业经济效益。

● 加强病虫害综合防治。根据气候变化对有害生物生长发育、生存繁殖、迁移传播的影响,加强病虫害监测预警,减轻病虫害造成的损失。

● 加强气象灾害监测预警,利用有利条件开展人工影响天气作业,推广作物应变栽培与灾后补救技术,稳步发展农业灾害保险,最大限度地减轻气象灾害造成的损失。

低碳农业经济模式

虽然低碳农业是近年来才提出来的,但无论是在我国传统的农业生产中,还是多年来生态农业、循环农业的实践中,低碳农业经济形态早已存在于我国各地的广阔农村之中,大致有以下几种模式:

● **有害投入品减量、替代模式** 化肥、农药、农用薄膜的使用,是工业革命成果在农业上的应用,对农业的增产作用显著。但其负面作用也不可忽视,既有可能带来农产品的残毒,又有可能带来农业面源污染和土壤退化,影响农业的可持续发展。多年来,各地积极探索化肥、农药、农用薄膜的减量和替代,如用农家肥替代化肥,用生物农药、生物治虫替代化学农药，用可降解农膜替代不可降解农膜等。农业部门开展的测土配方施肥和平衡施肥，根据土壤状况和农作物生长需要，确定化肥的合理施用量，深受农民欢迎。

● **立体种养的节地模式** 立体种植、养殖充分利用土地、阳光、空气、水，拓展了生物生长空间，增加了农产品产量，提高了产出效益。在江苏的江海冲积平原，常见的有农作物合理间种、套种的农作物立体种植，桑田秋冬套种蔬菜、桑田夹种玉米的农桑结合。泡桐树套种小麦、大豆、棉花等农作物的农林结合，苗木立体种植，稻田养鱼、菱蟹共生、藕鳖共生、藕鳝共生的农渔结合，稻田养鸭的农牧结合，杨树下种牧草，养殖羊、鸭、鹅的林牧结合，林下种植食用菌，水网地区的渔牧结合等。

● **节水模式** 我国目前农业年用水量约4 000亿立方米，占全国总用水量的68%，其中灌溉用水量3 600~3 800亿立方米，全国灌溉水利用系数仅为0.46，即从水源到田间，约有一半以上的灌溉水因渗漏、蒸发和管理不善等原因没有被作物直接利用。灌溉水的利用效率也很低，每立方米水生产粮食约1千克，仅为发达国家的一半。多年来，各地大力发展节水型农业，采取科学的工程措施，积极发展水泥防渗渠道和管道输水，减少和避免了水的渗漏与蒸发。改造落后机电排灌设施，推广各类节水灌溉技术和设施，较大幅度提高了水资源的利用效率。

● **节能模式** 从耕作制度、农业机械、养殖及龙头企业等方面减少能源消耗。改革不合理的耕作方式和种植技术，探索建立高效、节能的耕作制度。大力推进免少耕、水稻直播等保护性耕作技术。旱作地区推广耐旱作物品种及多种形式的旱作栽培技术。冬季建造充分利用太阳能的温室大棚种植反季节蔬菜。推广集约、高效、生态畜禽养殖技术，降低饲料与能源消耗。利用太阳能和地热资源调节畜禽舍温度，降低能耗。

● **"三品"基地模式** "三品"指无公害农产品、绿色食品、有机食品，因品质好、无农药残留或微农药残留，深受消费者欢迎。各地大力推进"三品"基地建设，使农产品的安全性大大提高。

● **清洁能源模式** 利用农村的丰富资源发展清洁能源，主要有风力发电、秸秆发电、秸秆气化、沼气、太阳能利用等。特别是近几年各地积极实施"一池（沼气池）三改（改厕、改厨、改圈）"生态富民工程，既净化了环境，又获取了能源，还增加了收益。

● **种养废弃物再利用模式** 如秸秆还田培肥地力，秸秆氨化后喂畜，秸秆替代木材生产复合板材，利用桑树修剪下的枝条种植食用菌，利用畜禽粪便生产微生物有机肥，将花生壳粉碎加工成细粉再利用等。

● **农产品加工废弃物循环利用模式** 如稻米加工企业可以利用优质稻米为原料生产精制米、米粉、米淀粉。产生的稻壳可作燃料，米浆水可提取淀粉，再从淀粉中提取葡萄糖和米蛋白，过滤后的水

送养猪场喂猪。养猪场有机肥施入企业的稻米生产基地。

● **区域产业循环模式** 在一个区域内，产业与市场构建种植业、养殖业、加工业、流通业之间的产业大循环，形成经济发展的良性循环。

● **农业观光休闲模式** 近几年，到农村观光休闲已成为城市居民度假休闲的一种新选择，观光休闲农业因此获得较快发展。目前观光休闲的主要场所，有农村天然景观、历史人文遗址、休闲农庄、农业高新技术园区、特色农业产区、特色产品专业市场、知名度高的乡镇企业等。

 **金坛市低碳农业的实践成效**

金坛市是国家环境保护模范城市、江苏省农业生态市,在创建江苏省生态农业县(市)综合考评中顺利通过验收,成为省级生态农业县市。低碳农业的发展,使金坛市农业工作一直走在全省前列,生态能源建设等多项工作在全国都小有名气,多项工作获国家和省市表彰,农业总产值已达35.13亿元。

金坛市低碳农业的发展模式:

1. 以菇类栽培为主体的秸秆资源低碳利用模式

金坛市是"中国食用菌之乡",基本形成以南部无公害双孢菇主产区、城郊无公害草菇主产区、东西部无公害金针菇主产区及北部无公害珍稀食用菌主产区为主的"四大菇区"发展格局。每年食用菌生产循环利用稻草、油菜秸秆、粪便、木屑等农业废弃物达6万吨以上,食用菌的菌渣又作为优质有机肥料还田,使农业生物资源在多层次、多方位上得到利用与转化,构建了"三元生产结构"。

2. 以种养间套为主体的各种低碳养殖模式

金坛市现有7个千亩、10个五百亩和150个百亩蚕桑示范园,所有的示范园内水、电、路三通,并配套建设逾5公顷的房屋和50公顷的钢架塑料大棚蚕舍。由于每年蚕的饲养期仅为2个月,蚕舍有10个月的闲置期,为了充分利用资源,通过"公司+基地+农户"的发展模式,可进行桑鸡套养。

3. 以苏米生产为主体的"一稻二鸭"低碳模式

稻鸭共作技术在全市范围内得到大面积的推广,所生产的稻米和禽产品均为绿色食品,符合当前人们对绿色食品日益增长的需求。稻鸭共作呈现五大效果:一是除草效果好,除草作用持续时间可达60~70天;二是除虫防病效果好,鸭采食稻飞虱等害虫的成虫与幼虫,减少了病虫害的发生;三是施肥效果好,鸭粪的养分含量丰富,含氮磷钾总量为 1.62%，还含有丰富的微量元素铜、锌、铁、锰、钼等，为水稻生长提供营养；四是中耕浑水作用，利用鸭在田间生活，有助于疏松表层土壤，耥平田面，改善土壤通透性；五是刺激生长效果明显，实践证明凡稻鸭共作的田块，水稻生长显现叶厚色浓、植株开张、茎秆粗壮而硬实、茎数多等特征。

4. 以沼气建设为主体的环境净化低碳养殖模式

金坛市目前有万头猪场 5 个，千头猪场 10 个，百头猪场 51 个，占全市养猪总量的 50%，采用低碳养殖发展模式高起点办场，努力实现全市的规模畜禽养殖场达标排放。一是大力推广干式养猪法，应用无污染的能量水养猪，使猪所排粪便无异味，回收粪便生产生物有机肥，从源头上控制畜禽粪便对环境的污染。二是加大规模畜禽养殖场的沼气工程建设，并对不能有效对猪场粪水进行无害化处理的养殖生产予以取缔，全市目前建成大型沼气发电工程 5 座，300 立方米中型沼气池 2 座，200 立方米小型沼气池 20 座，50～100 立方米沼气池 13 座。对粪水进行厌氧发酵，将干粪制成有机肥料，为猪场提供优质、洁净的能源，为金坛市畜牧业可持续发展奠定基础。

5. 以健康养殖为主体的低碳生态渔业模式

金坛市地处太湖流域，水域面积总计 2.8 万公顷，其中有 1.7 万公顷的养殖水面。由于推广应用河蟹健康养殖、蟹池套养鳜鱼及青虾养殖、鱼虾混养、生物生态防病、长荡湖水草资源改良与保护、蟹草轮作、水域环境调控等一系列生态渔业技术，均取得较好成效，有力促进了一大批生态型渔业养殖基地的建立，充分发挥了生物与环境、生物与生物共生优势及生态位的整体效应，从而达到经济效益、社会效益和生态效益的统一。

6. 以绿化护林为主体的丘陵山区低碳农牧模式

茅山丘陵山区总面积达 2.51 万公顷，通过实施一系列农业资源综合开发项目，山上生态林得到有效的保护，并逐步形成六大产业带，即在丘陵岗地上逐步形成茶叶产业带、板栗产业带、蚕桑产业带、特种畜禽产业带，在谷底形成优质大米产业带，以茅山道院、乾元观、茅山狩猎场、茅山森林公园、茅山度假村、茅东水库、海底水库、方山顶茶场、百十里水库等各景区相互连接成南北长15千米的生态农业观光旅游产业带。

(资料来源：王虎琴、贺春强、吴国岑等，金坛市低碳农业的实践成效与发展模式，现代农业科技2011 (1) 362-363)

低碳生态村——滕头村

高科技试管种苗远销法国、荷兰，60家企业去年工业产值达24.3亿元，村庄成为"国家4A级旅游区"……曾被联合国环境规划署授予"全球五百佳"的浙江省宁波市滕头村，是一、二、三产全面发展的社会主义现代化新农村。

绿树连片成荫，瓜果飘香；河道碧波荡漾，野鸭群飞；"笨猪赛跑"令人捧腹，馋嘴白鸽掌心觅食……走进滕头村，仿佛步入江南田园美景画，50元的门票挡不住游客的惊喜脚步。2009年，滕头生态旅游景区共接待游客119万人次，旅游综合经济收入1.1873亿元。

生态旅游，依托的是低碳生态乡村系统。土地不足千亩的滕头村，已在浙江、江苏、山东、天津等全国20多个省市建立起5万亩的园林基地，为奥运会、世博会提供绿化苗木。滕头村是"国家级农业综合开发示范区"，全村共有200多块大小划一、沟渠纵横、排灌方便的高产田。蔬菜瓜果种子种苗基地、植物组织培养中心、花卉苗木基地等高效农业，成为我国农业现代化的样板。

村道上，一排带着"博士帽"的漂亮路灯名叫"风光能"环保灯，靠风力发电和太阳能蓄电池供能。滕头村能够成为乡村楷模，首先就是成功构建了完备的低碳生态乡村系统。

滕头村几十年来坚持人与自然和谐发展，破除了环境问题这个制约农村发展的"魔咒"。在生态绿地处理系统中，茵茵绿地下是卵石、粗沙、细沙、微生物组成的填料床。每天生活污水流经绿地，营养物质通过微生物降解，由植物吸收，最后流出来的净化水达到生活杂用水水质标准,基本实现了污水零排放。

村里一座五星级生态厕所常让外来者啧啧称奇。厕所供应的热水来自太阳能,污水经处理可浇灌花草和冲洗厕所。村里的生态厕所每年节水约9 500吨。

节电、节油、节气,从点滴做起,尽量减少二氧化碳的排放。多年来,滕头村民形成强烈的生态环保意识和朴素的低碳生活习惯,购物自带环保袋,尽量少开车,坚持爬楼梯,用手洗衣服。

村庄建设也与生态环境建设结合起来。近年来,村里投入上亿元实施"蓝天、碧水、绿地"三大工程,让全村绿化率达到67%。不破坏绿化、爱护飞禽和田间小动物等细节,不仅成为全村的硬规定,也成为村民的自觉行动。

早在1993年,在大多数的国人还不识"环保"为何时,滕头村已成立了当时全国唯一的村级环保委员会,对引进的工业项目实施环保一票否决制。十几年来,五十多项高利润的投资项目被滕头村一一否决,保护"青山绿水"的同时,收获了另一座"金山银山"。滕头村是值得学习的低碳村典范。

(资料来源:宁波滕头村卖票,赏低碳生态村,人民网—《人民日报》2010-12-31 20:56)

话题4　有机农业的典型案例

 什么是有机农业

1. 有机农业的定义

● 有机农业是指在生产中完全或基本不用人工合成的肥料、农药、生长调节剂和畜禽饲料添加剂,而采用有机肥满足作物营养需求的种植业,或采用有机饲料满足畜禽营养需求的养殖业。

● 有机农业的概念于20世纪20年代首先在法国和瑞士提出。

20世纪80年代起,随着一些国际组织和国家有机标准的制定,一些发达国家开始重视有机农业并鼓励农民从常规农业生产向有机农业生产转换,有机农业概念开始被广泛接受。

●尽管有机农业有众多定义,但其内涵是统一的。有机农业是一种完全不用人工合成的肥料、农药、生长调节剂和家畜饲料添加剂的农业生产体系。有机农业的发展可以帮助解决现代农业带来的一系列问题,如严重的土壤侵蚀和土地质量下降,农药和化肥大量使用给环境造成的污染和能源的消耗,物种多样性减少等,还有助于提高农民收入,发展农村经济。据美国的研究,有机农业成本比常规农业减少40%,而有机农产品价格比普通食品要高出20%～50%。同时有机农业的发展还有助于提高农民的就业率,因为有机农业是一种劳动密集型农业，需要较多的劳动力。另外有机农业的发展可以更多地向社会提供纯天然无污染的有机食品，满足人们的需要。

2. 我国有机农业发展概况

我国有机农业的发展起始于20世纪80年代，1984年中国农业大学开始进行生态农业和有机食品的研究和开发，1988年国家环保总局南京环科所开始进行有机食品的科研工作，并成为国际有机农业运动联盟的会员。1994年10月国家环保总局正式成立有机食品发展中心，我国的有机食品开发才走向正规化。1990年浙江省茶叶进出口公司开发的有机茶第一次出口到荷兰，1994年辽宁省开发的有机大豆出口到日本。以后陆续在我国各地发展了众多的有机食品基地，在东北三省及云南、江西等一些偏远山区有机农业发展得比较快，近几年来，已有许多外贸公司联合生产基地进行了多种产品的开发，如有机豆类、花生、茶叶、葵花子、蜂蜜等。目前绝大部分有机食品已出口到了欧洲、美国、日本等国家。

> 由于现代农业的商品化生产，大量农产品输出到农业系统之外的城市市场，封闭的有机农业生产系统是无法实现养分的回归的，必须通过输入附近养殖场的畜禽粪便加工成有机肥以保持土壤肥力。而生产畜禽养殖所需饲料的农田往往又需要适量化肥的投入，因此，在现代农业生产中，有机农业只能占有一个适当的比例，不可能全部实行有机农业。

从总体情况来看，我国有机食品的生产目前仍处于起步阶段，生产规模较小，且基本上都是面向国际市场，国内市场很小，这与目前我国国民的消费水平较低有关。在世界上，尽管发达国家率先提倡有机农业，但由于劳动生产率较低，在发达国家推广的面积有限，大部分有机农产品是在发展中国家生产，消费市场主要是在发达国家。

山东肥城有机食品发展独占鳌头

1996年,山东省作为全国首批成立有机食品分中心的省份之一,成立了国家环保有机食品发展中心山东省分中心,自此有机农业和有机食品的发展在山东省正式起步。1999年,山东省成立了经政府批准并合法注册的专门从事有机食品开发、宣传、咨询、国际合作的专业协会。协会成立以来的历程和取得的成绩进一步表明,山东省有机食品协会成立是对我国现有有机食品管理体系的有利补充和完善,为山东省有机食品发展实现"从无到有,逐步发展壮大",形成"领导重视,政府推动和社团保障"有机结合的局面起到了有力的推动作用。

肥城市是山东省有机食品发展最早的地区,1996年肥城市边院镇济河堂村325亩蔬菜生产基地成为省内第一个获得有机食品认证证书的生产基地,开创了山东省有机食品生产的先河。在肥城市市委、市政府的高度重视和积极推动下,肥城市的有机农业发展得到了广大农民的充分认可和积极参与。肥城市市政府于2002年制定了肥城市生态示范区建设规划,确定了生态经济为肥城市经济发展的方向,并全面启动有机农业种植发展计划。2003年年初,为了促进生态示范区建设,使肥城市的有机食品产业能够实现持续、稳定、高效的发展,加速肥城市有机食品发展步伐和满足国际、国内市场对有机食品及其配套产业的需求,提高农产品质量和市场竞争力,切实增加农民收入,使肥城市的有机食品发展走可持续发展之路,根据肥城市有机食品发展的需要,由肥城市政府委托山东省有机食品协会、山东省环境监测中心站编制了"肥城市发展有机食品发展规划"。肥城市市委、市政府高瞻远瞩,积极适应"入世"和经济全球化发展趋势,高度重视有机食品产业的发展,大力实施"有机化"战略,开创了非常可喜的有机农业发展局面。2007年,全市有机农业总面积达16.1万亩,年产量达47万吨,带动农民增收5.6亿元,经过国际国内认证的有机蔬菜基地累计达到 451 个,产品 95% 以上加工出口到欧盟、日本、美国、韩国等国家和地区。肥城的有机蔬菜发展争创了"四个全国之最",成为发展起步最早、编制规划最先、面积规模最大、加工出口最多的县级市。

(资料来源:有机蔬菜基地——山东肥城,北京现代农业(原载农民日报)2011-5-18,http://www.agri.ac.cn/sciencel/scarticle/Articleend.asp?ArticleID=59009)

中国有机茶之乡——武义县

有机茶是一种按照有机农业的方法进行生产加工的茶叶。其生产过程中完全不施用任何人工合成的化肥、农药、植物生长调节剂或化学食品添加剂等物质,符合国际有机农业运动联合会(LFOAM)标准,已经有机(天然)食品颁证组织发给证书。有机茶叶是一种无污染、纯天然的茶叶,也是我国第一个颁证出口的有机食品。

武义县是国家正式命名的"中国有机茶之乡",位于浙江省中部,是一个"八山半水分半田"的山区县,现有茶园近 10 万亩,是浙江省产茶重点县和全省实施"有机茶工程"试点县之一,年产茶 6 500 吨,产值 9 500 万元,面积、产量、产值均居金华市首位。

优美的生态环境为发展有机茶生产创造了得天独厚的条件。全县大部分海拔是 500~1 500 米的广阔山丘,海拔 1 000 米以上的山峰有 79 座。全县 10 万亩茶园大多数分布在深山高山上,远离城市,没有大气污染,造就了武义茶叶优良的品质。自 20 世纪 90 年代以来,武义县把名优茶开发作为茶叶生产的一个重点,促进了茶叶生产的大发展大提高,全县不少农户以茶为业,靠种茶、制茶、贩茶走上了致富路,先后涌现"武阳春雨""金山翠剑""汤记高山茶""更香翠尖""郁清香"等一批畅销全国的名茶产品,名优茶产量占茶叶总产量的 1/3。2000 年全县产茶叶 6 500 吨,80% 以上为无公害茶，茶叶收入占农民人均收入的28%，根据茶叶市场行情和消费需求变化，县委、县政府及时调整茶叶生产方向，把它作为全县实施农业和农村经济结构调整的重点内容，提出了"继续抓好名优茶，积极开发有机茶，普及无公害茶"的工作思路，1995年开始与中国农科院茶叶研究所合作进行有机茶开发，是省内最早开发有机茶的县。

随着我国经济的快速增长和自然资源的日益减少，人们更加重视与自身健康相关的食品安全问题，有机茶符合人们追求健康、高品质、安全和环境保护的要求，必将受到广大消费者的欢迎，蕴藏着极大的潜在市场，发展前景十分广阔。

[资料来源：刘新、傅尚文、张优等，有机茶在我国的实践，中国生态农业学报13（3），183-185]